Ⓢ新潮新書

中川淳一郎
NAKAGAWA Junichiro

ネットのバカ

530

新潮社

ネットのバカ——目次

序　章　ネットが当たり前になった時代に

イケてる人生にようこそ

２０１２年、「ネットを使ってパーソナルブランディング（セルフブランディング）をしよう」という風潮が少しだけ話題となった。簡単に言うと「自分をブランド化し、よりイケてる人に見せましょう。そうすれば、ネット経由で様々なオファーがやってきて素敵な人生を送れます」といったところだろうか。自分を世間様に対してどのように見せるか、そしてどんな幸せな人生を送るかということについては、キチンとプランニングをした上で戦略的にネットを活用して情報発信をしましょう、ということだろう。

きっかけを作った1人は、安藤美冬氏という集英社を辞めて「職業：安藤美冬」を名乗った当時32歳の人物である。イケてる人間の人生を紹介する『情熱大陸』という番組で取り上げられた彼女は、自分の生き方（フリーランスとして、特定の場所で働かぬ

〝ノマド〟というライフスタイル）を紹介した。番組がオンエアされるとすぐにネット上で反響を呼び、彼女のツイッターのフォロワーが激増した。その後もいかにして自分がうまいことやったかをメディアの取材に対して答え続けている。「何をやっている人か分からない」という評はあるものの、著書はけっこう売れ、『笑っていいとも！』でタモリとの共演も果たした。その時もノマドについて説明し、タモリから「よく分からない」とは言われたが……。さらには「サバイバルキット」という彼女がセレクトした書籍やお茶、そして手書きメッセージのコピーが詰め合わせられた箱を月額5000円で発売するに至った。

彼女は「自分をつくる学校」という講座の学長を務めており、そこではいかに「自分」をソーシャルメディアを通じて発信するか、ということを教えている。ゲストも交えた講座は全5回、毎回10時〜15時半（講義時間は240分・ランチ休憩・懇親会あり）で参加費は15万7500円。

同講座のコンセプトはこれだ。

「会社員・独立事業主を問わず、魅力的かつ市場価値の高い『自分ブランド』を確立し、組織から個人へと主体が移行しつつある現代において、自分の名前で勝負できる人材を輩出することを目的としています」

　個人的な見解では、「組織から個人へと主体が移行しつつある現代」の意味はサッパリ分からない。アップルやトヨタ、グーグル、ネスレといった素晴らしいプロダクトを作る会社は「組織」だし、いかに個人が目立っているとしても、その裏には支えるスタッフがいるわけだからこれも「組織」である。成功する人間で「オレ様の能力だけでここまで来た、ヒャッハアッー！」などと言う人間はあまりいない。あくまでも、組織のサポートあってこそ、実現できたことだと謙遜することだろう。フリーランスの人間がこれらのプロジェクトにかかわるとしても、その組織から雇われたことを感謝することだろう。そうでなければ企業はその手腕に感謝しつつも、やや複雑な気持ちになるのは明白である。「オレら、アンタにカネ払ったんだけどな……。お膳立て、色々したんだけどな……」と。

　私自身も「個人」でやっている人間ではあるものの、「自分ブランド」などは考えたこともない。単に「組織」からいただいた仕事を着実にこなしていったところ、仕事が仕事を呼び、いつの間にか「ネットニュース編集者」「ネットに詳しい人」という「自分ブランド」ができただけである。いや、自分ブランドというよりは単に「あいつはこの仕事できるんじゃね?」や「あいつに頼むとうまくいきそうだな」と思ってくれる人がいるというだけだ。「自分ブランド」などという一見カッコイイ胡散臭い言葉は使いたくない。だが、敢えて「自分ブランド」という言葉をここで使うとなれば、自分ブランドは学ぶものではなく、実績を基に勝手に生まれるものなのであり、他者の評価がそれを作っていくのだ。

実態はよく分からないが、この手の講座は、昔からある自己啓発セミナーとあまり変わらないように思える。

こうしたビジネスは、ソーシャルメディアを自由に使える時代にはより顕著になっている。

何らかのセミナーをプチ著名人である講師がツイッターで告知したとしよう。当然応募フォームのあるサイトや、フェイスブックのファンページから応募可能である。

ここでの典型的な流れは以下の通り。まずは講座の告知を公式サイト、フェイスブック、ツイッターなどで行う。すると、その告知に対し、受講生は「申し込みしました!」「楽しみです!」などと講師に対してメッセージを送る。いずれも自分のフォロワーは少ない〝無名の〟方々である。こうしたツイートを講師はリツイート（引用のこと、以下RT）する。すると、講師に対する期待の声を、講師の多数のフォロワーが目にすることにより、セミナーに参加したくなったり、セミナー自体の盛り上がりを感じたりすることができるわけだ。

セミナー数日前から「いよいよ明後日です！」「明日です！」「今日です！」と講師は告知をする。当日、セミナーの最中は「今、こんな感じで皆さん必死にプロジェクトに取り組んでいます」と実況する。すると「行きたかったです！」といった声がまた寄せられるため、それもRTする。その日の講座が終わった後は、「すごく刺激を受けました！」「目から鱗（うろこ）の連続でした！」「明日から頑張ろうという気になった！」と受講生はツイートする。それらはすべて講師にとっては自分の評判を上げるためのRTの題材となる。そして、ある程度の感想が集まったところで「今日は皆さんの熱意を感じました。ぜひ、自分らしい生き方をするよう頑張りましょう」と締めの言葉をツイートする。その間、フェイスブックのページにも続々と感謝の言葉や、受講生同士の意見交換が載せられる。さらには、これらのやり取りをファンが「まとめサイト」にまとめる。

一見、有意義なことをしているかのように受講生は思うかもしれないが、実際のところ、これは講師だけが得をしている。

個々人の成功にはそれぞれ異なる法則や運がある。人との出会いも影響してくることだろう。人生とは偶然の連続なわけで、それをあたかも成功法則があるかのようにネットやマスメディアで喧伝し、リアルの場で大金を取る。セミナーが埋まればそれはその講師にとってのセルフブランディングになる。

私の実感として、英会話や会計、法律、物書きとしての技術など、実用的なセミナー以外、受講生は得るものはない。ロフトプラスワンのようなイベント会場で開くトークショーに娯楽として参加して1000~2500円程度払うのであればいいのだが、それ以上の金額を支払って「生き方」「仕事の姿勢」などを学んで何になるのだろうか。受講生はその講師のようになれると本気で信じているのだろうか。

講師はあくまでも本人が頑張ってその地位を獲得したのである。

前出安藤氏の講座の場合、5回15万7500円というのは、新卒サラリーマンの月給の手取りレベルである。自己啓発セミナーでこのくらいの料金は決して法外ではない。とはいってもこの金額を払うことによって参加者に仕事をバシバシと回してくれるのであれば、高くはないだろうが、どうだろうか。あくまでも栄養ドリンクの如く講座終了後に高揚感を味わうだけだろう。それだけであれば投資効率は悪い。

私と私の師匠である博報堂ケトル・嶋浩一郎さんは絶対に「生き方」のセミナーはしない。我々は「PR」「ネットで儲ける方法」「ウェブライティング講座」「戦略PRの基礎」といった講座の講師はするが、こうした仕事で得た知見とは異なる「嶋・中川の生きざま」は人に伝えても何も役に立たないと思っている。理由は、誰にも我々のマネはできないからだ。娯楽として聞くのは良い。

ただし、それは1・5時間1500円の価値の講座だ。決して15万7500円ではない。我々は信者ビジネスも自己啓発セミナーもしたくない。なぜなら搾取したくもないし、誰も啓発したくないからだ。

のっけから自己啓発セミナー否定のような論を展開してしまったが、それは本書の主旨ではない。

とにかく強者の方がネットの恩恵を受けている。

本書のテーマであるこのことを示す例だとお考えいただきたい。

ネットが当たり前の世界で生きる

私は博報堂で企業のPR業務に携わったのち2001年に退職、雑誌のライターを経て、「テレビブロス」の編集者をしていた。2006年からはインターネット上のニュースサイトの編集者としてほぼ休みなしで働いている。現在はネットでの情報発信に関するプランニング業務も請け負いながら、10を超えるネット媒体に関与する身だ。

徹底的にネットを舞台に働いた結果、「ネットに関する超現実主義者」というポジションは世間的にはとりあえず取れ、そこから仕事を多数頂けている。これが何を意味するかは、本書で解き明かしていくこととしたい。

勝ち組は少数派

思えば、ネットには散々いい思いをさせてもらった……。そう遠い目をする2013年夏ではあるが、ここらで現在のネットの風景・ネットがもたらした世界といったことを分析してみることにする。

私がネットについて論じた書を初めて書いたのは2009年4月発売の『ウェブはバカと暇人のもの』（光文社新書）で、あれから4年。人間の趣味嗜好など本質についてはまったく変わらないものの、それ以外のなんとも様々なものが変わってきた。最大の変化はネットが生活の「ごく当たり前」のものになったことである。かつて特別視されていたインターネットが、一般的なインフラになり、それなしでは（特に都市部で働く人にとっては）、もはや仕事・生活が成り立たなくなりつつあるからである。

食事を誰かとしようとすると、店の情報が書かれたページのURLだけがメールで送られてくることも多い。基本的に書類はメールや、大容量ファイル送信サイト経由で渡すようになったことだろう。

そんな変化があったこの4年間、何度も書籍執筆のオファーはいただいたものの、ひたすらこう言って断ってきた。

もはや書くことがありません——。

——いや、続々とSNS（ソーシャル・ネットワーキング・サービス）が出てきたりして、書くことはあるでしょ？

いいえ、ありません。毎度繰り返される風景です。新しいツールが出てきたらネットに詳しい人が期待を込めてそのツールの可能性と生み出されるバラ色の未来を論じ、そのツールが古臭くなったら発言に責任を持たぬまま、なかったことにしてさっさと次のツールに熱狂する。もうこの狂騒曲にはほとほと呆れていますし、変わらぬ風景なので、何も論じることはありません。

——でも、「SNSいじめ」とかあるじゃないですか？

そんなもんはずっとあります。

——企業の使い方はどうですか？

相変わらず企業はネットの使い方が下手だし、過度な期待を持ち過ぎている。ネットはあくまでも個人のものであり、マーケティングの場ではない。それを何度言っても変わらないので、多分言う意味はない。

いつもこの虚しいやり取りが続いた。ただし、前述した本に加えて、立て続けに各論の本は出していた。テーマは「人々の心理」「炎上」「儲け方」（それぞれの書名は『今ウェブは退化中ですが、何か？』（講談社）『ウェブを炎上させるイタい人たち』（宝島社新書）『ウェブで儲ける人と損する人の法則』（ベストセラーズ））。この３テーマについては『ウェブはバカと暇人のもの』と状況は変わっていない風景を書いている。だから、実質的に、今回の書は「日本のネットを俯瞰する」という意味で４年ぶりとなる。

なぜ今回、本書を書くに至ったのか。それは、インターネットが「ごく当たり前」の扱いをされる時代が来たことを肌で感じたからである。ネットで人々を怒らせる発言、ウケるもの、情報が拡散する様など、原理原則は変わらないものの、「ごく当たり前」になったことにより、何か別のことが書けるような気がしてきた。

ネットは老若男女、各人各様の使われ方をするようになり、ついに水や電気と同じような扱われ方をされるようになってきた。いや、まだそこまでではないかもしれない。携帯電話と同じような扱いになったとでもいえようか。

かつて、携帯電話を持たなかった人は「そこまでして会社に縛られたくない」などと豪語していたものの、周囲の普及率が上がると「お前、連絡取れないから買え」と言われて買うようになった。そして、いつしかその連鎖で普及率が劇的に高まる。となれば、最初に言われていた「外で喋れるんだよ！」や「公衆電話に並ばないでいい！　すげー！　便利！」といった利点はもはや語られなくなる。それが「当たり前になる」ということだ。

それと同様にインターネットも「うわ、一瞬にしてチャットで返事が来た！」や「うわ、エロ画像が出てきた！」という時代に始まり、「商品が届いた！」「自分の書いた文章がいきなりネットに出てきた！」「ツイッターで有名人に情報が届いた！」「フェイスブックで再会した仲間と同窓会をした！」といった時代を経て今は当たり前のものになった。それだけに感動は減ったかもしれないが。

２００６年、動画共有サイト・ユーチューブが大ブレイクした年、米・ＴＩＭＥ誌は「Person of the year（今年を代表する人）」に「ＹＯＵ」を選んだ。つまり、２００６年は特定の誰かが目覚ましい活躍をしたというよりは、一般の人々が世の中を動かした、ということだ。

だが、その頃は少なくとも日本ではネットは「ごく当たり前」ではなかった。まだ、人々は恐る恐るネットに触れていたし、その可能性に興奮していた。手探りで様々な実験をしていたとも言えるだろう。今でももちろん戦々恐々とするところはあるものの、少なくとも人間が相手であることは誰もが分かっている。可能性に興奮することはあれど、「また裏切られるのかも」という感覚は持っている。様々な実験をするにしても、結果はある程度予想ができるようになっている。

こうした状況を捉えると2006年の「YOU」は、厳密に言うと〝ネットに詳しいあなたたち〟だったのでは、と今さらながら考える。『ウェブはバカと暇人のもの』から4年、「YOU」はついに〝本当の意味でのあなたたち〟になったのでは――だったら、変化した「YOU」が紡(つむ)ぎだす世界を書いてみたいという衝動に駆られた。

「特別な世界」の催眠が解け、ネットは「ごく当たり前の世界」であることに、人々はようやく気付いたのだ。

日本では1990年代中盤からネットが一般に浸透してきた。それから「革命的ツール」として、期待を一身に集めることになる。企業はマーケティングに使えるのではないかと夢を見、ジャーナリストは新たな「論壇」が誕生するのでは、と期待し、一般人は「これでなりたい自分になれる」「有名人になれる」「一獲千金を」と淡い夢を抱いた。これらは「特別な世界」といえよう。普段はイケてない自分が、ネットの力で一段上に上がれる、という考えだ。

ところが、待っていたのは、日本の素晴らしきインフラストラクチャーの整備具合と識字率の高さから来た「バカの世界」。特に2006年頃から、散々「ウェブ論壇」「ウェブ進化」「ウェブ2・0」などと喧伝されたネットは私ごときライター崩れから「ウェブはバカと暇人のもの」などと揶揄(やゆ)され、4年以上経っても私のもとには滅多に反論は来ない。

多分、それこそがあまりにも身も蓋もない真実だと、本心では思っていた人が多かったのだろう。2009年からはさらにネットユーザーが増え、炎上騒動、誹謗中傷がますます巻きおこる世界となった。だが、これは仕方がない。なぜなら人間の営みというものは完璧ではなく、ネガティブなものが多いからだ。

人と人が顔の見えない状態で出会えば、いざこざが発生するのは仕方がない。これを少しずつ改善し、私たちはより幸せな生活を手に入れ、紛争を始めとした問題を解決していく。ネットユーザーが増えることは、ごく当たり前のことだし、今後さらなるカオスを生むことは間違いない。なぜなら「人口」が増えたからである。

これを否定的に捉えてはならない。これは良いことなのだ。なぜなら、ここまでユーザーが増えたということはネットがごく一般的なインフラになったことを意味するのだから。そのツールの本当の意義を知り、便利に使うにはどうするか、という方向に持っていくことこそ、普及後のツールには重要なのだ。自動車に乗る時はシートベルトをつけるというルールは、モータリゼーションの拡大とともに、多くの人に広がった。電車に乗る時はホームに整列し、降りる人を先に通してあげるマナーはいまや多くの人が知っている。ネットユーザーが日本で1億人以上いることが予測できる中、今のネットはカオスかもしれないが、数年後の洗練に繋がっていくかもしれない。今はその過渡期なのである。

その危険性も把握したうえで、各人が便利に使っていけばいいのだ。ネットは、とっても便利なツールなのである。どれだけ便利で、ステキなツールか、というのは、ここまでネット漬けになった私だからこそ、自信を持って言える。生活における重要情報の収集・発信・発注のインフラとしての役割を果たしている存在であり、誰もが安価にアクセスできる以上、特別なツールといちいち捉える必要はない。

特別なものではない、というものについてわざわざ本を書くとは何事だ、と思われるかもしれないが、ネットに詳しい人とそれほど詳しくはない人の間にまだまだ知識差があるのがこの世界である。だから、これまでのスタンスと同様に、「どうしようもない現実」（ただし、過度な礼賛もこきおろしもナシ）を本書では描いていく。

テーマは「**当たり前の世界になったインターネットで私たちはどう生きていくか**」である。個人・企業・団体のいずれも、これまで以上にネットによりカジュアルに接している。この状況で私たちはどう情報の受発信をおこない、交流していくか——をいま、考えていきたい。

繰り返すが、私はネットが存在することによって相当なカネを稼がせてもらっているし、「先生」的な役割として、かなり良い思いをさせてもらっている。女性からの誘いもひっきりなしである。ネットには感謝の気持ちしかない。そんな私だからこそ、「現実」を常に皆さんにお見せしなくては、と考えているのだ。

そこで、まず、知っておいてもらいたいのがこの2つの真実である。これは長きにわたる人間の歴史において、燦然（さんぜん）と輝く定理であろう。

①勝ち組は少数派。

大体において、この世は権力者が富を握り、庶民は搾取をされる対象である。資本主義社会になっても、経営者が労働者から搾取し、労働者の年収を1日で稼いだりもする。スポーツ選手やミュージシャン、お笑い芸人ら選ばれし人々は会場にやってきたファンという名の金ヅルから入場料に加え、グッズ収入、握手する権利への代金などを受け取り、ますます財を得る——これが世界の現実なのである。

かつて、スウェーデンのポップミュージックバンド・AƎBAはこう歌った。

②"The Winner Takes It All" ——勝者が総取り。

これがもう1つの定理である。この2つの定理は、人間の有史以来、一切変わらない。それは、インターネットがあってもそうだ。むしろ、ネットの世界のほうがこの定理はよりわかりやすく実現されている。

これらを無視したままネットの世界を信じていると、何が起きるか。知らないうちに搾取され続けるのはまだ良い方で、悪いと誰かが唱えた「一発逆転」を狙って人生崩壊、あるいは金銭的被害にあわないとも限らない。いや、それ以前に自分の立ち位置が分かっていないというのは大人として問題ではないか。

本書では、次の基本的な4つの姿勢に基づき、2009年以降、ネットで発生した事象、そして私たちのリアルな生活で発生した変化をふまえながら論じていきたい。最終的にはネットとの距離の取り方と、あまりに身も蓋もない（でもどこかに希望はある）現実をお伝えできれば、と考えている。

【ネットに関する基本4姿勢】

・人間はどんなツールを使おうが、基本的能力がそれによって上がることはない
・ツールありきではなく、何を言いたいか、何を成し遂げたいかによって人は行動すべき。ネットがそれを達成するために役立つのであれば、積極的に活用する
・ネットがあろうがなかろうが有能な人は有能なまま、無能な人はネットがあっても無能なまま

・1人の人間の人生が好転するのは人との出会いによる

それでは、素晴らしきネットの世界へ！

第1章　ネットの言論は不自由なものである

活字は自由

ネットこそ自由な言論のプラットフォームである。そのように唱える人は、昔からいたし、今もいる。しかし、そんなことはない。

ネットほど発言に不自由な場所はない。

これが真実である。元々私は雑誌で原稿を書いていただけに、ネットとの違いを肌で感じるのだ。

例えば雑誌にいた当時大人気だった韓流スター、ペ・ヨンジュンを、「おばさん顔」「デブ」などとズケズケ書きなぐっていた。これでクレームが編集部に殺到していたかといえば、そんなことはない。「スカッとしました」「よくぞ言った」という反応ばかりだった。雑誌というある特定層を対象にしたメディアであれば、これらの意地悪な物言いが許されるのだ。当然、同じ雑誌でも韓流ファンのための雑誌でこんなことを言うことはできない。その場合はネット以上に激しいクレームが来るだろうし、売り上げに大いに関わる。要は、雑誌というメディアは棲み分けができており、編集部ごとに「言っていいこと悪いこと」が明確に存在しているのだ。

韓流ファン向けの雑誌と同様に、ネットでもぺについて悪いことは書けない。ただし理由は異なる。それは、ぺのことを好きな人の気持ちを害するし、「おばさん顔」「デブ」で苦しんでいる人のことも配慮しなくてはいけないからである。この違いが分からなかったのが、「Ｖｏｉｃｅ」（ＰＨＰ研究所）という雑誌の編集部だ。

同誌はいわゆる総合月刊誌。漫画家のさかもと未明氏は、飛行機の中で泣き止まない赤ちゃんにキレ、母親に文句を言った顚末を次のように寄稿していた。

「『お母さん、初めての飛行機なら仕方がないけれど、あなたのお子さんは、もう少し大きくなるまで、飛行機に乗せてはいけません。赤ちゃんだから何でも許されるというわけではないと思います！』

いやだなあ。みんなに『嫌なおばさん』と思われる。でも、本当にそう思うんだもの。そして私は、陸に降りても、激しくクレームをし続けたのでした。」（２０１２年12月号「再生ＪＡＬの心意気」）

さらに、さかもと氏は着陸直前、もう耐えられない、とばかりにシートベルトを外し、飛行機の通路を走り、飛び降りようとした、とも明かしている。

事件は発売から約10日後、編集部がこのエッセイをネットに転載したことで起きた。小さい子どもを連れた母親をこう責めることこそ非常識である、子どもは泣くものである、なぜそこまで狭量なのか……といったコメントが寄せられ大炎上したのだ。

同誌の読者ならエッセイのややキツい表現も許容できるだろう。世の中の「正論」の盲点を突く意見のほうが好まれるかもしれない。だが、ネットは万人が見られるだけに、多くの人を怒らせた。

編集部が炎上させるつもりでこのエッセイをネットに転載したのであれば、それは正しい選択だが、もし意図していなかったのであれば、あまりにもネットというものの性質に対して不勉強である。この炎上騒動はさらにテレビや週刊誌などに取り上げられて拡大、さかもと氏はシートベルトを外して走ったことについて謝罪することになった。

「バカ発見器」の事件簿

ネットの言論に関する代表的な誤解として「自由さ」以外に挙げられるのが、「集合知」といった考え方である。なるほど、おかしな人もいるだろう、しかし多くの人が集まることで、おかしな人は排除されていく、だからより多くの人がネットに参加していくことで、理想的な言論空間が生まれるのだ、といった考え方である。

実際のところはどうだろうか。ブログよりも簡単に始められて、速報性を持つツイッターは、多くの人が参加するサービスとなった。しかし、それに伴い、ネットリテラシーの低い層が大量にツイッターのＩＤを取得。以前ブログ界で起きたのと同様、いやそれ以上のバカらしい事象が次々と起きるようになってしまったのだ。彼らは熱心な芸能人フォロワーとなるほか、自身の飲酒運転自慢やら、駅の改札突破自慢など違法行為を自己申告。こうしてツイッターは「バカ発見器」と呼ばれるようになった。さらには「高性能バカ発見器」とまで評されるようになった。本人の不法、違法行為はもちろん不用意な発言1つするだけでも、大変な目に遭うことも珍しくない。

その例の1つが、立教大生レイプ擁護事件だ。

2011年、立教大学の4年生の男子学生が、アルバイトの男と一緒に東京・新宿で酔った女性をホテルに連れ込んで暴行したとして集団準強姦容疑で逮捕された。これに対し、同じく立教大学の4年生の男子学生を名乗るツイッターユーザーがこう発言したのだ。

「立教生がレ○プねー。別に悪いと思わないね。皆同じようなことしてんじゃん。飲み会で勢いでキスしちゃったーとかと変わんねーよクソが。女がわりー」

これに「レイプ擁護だ!」と批判が殺到。こうなるとネット上には無数の探偵や自警団や私刑執行人のような人が現れ、「加害者」とその関係者探しに躍起になる。加害者の名前が伏せられている場合はなおさらだ。私としては、ツイッターという交流に使えるツールはもっと平和的なことや、何か新しいものを生み出すために使った方がいいと思うのだが、現実はなかなか難しい。

案の定、この学生のミクシィのIDが特定され、そこのプロフィール等から実名、所属サークル、出身地、誕生日、派手な交友関係、そして内定先までが明らかになりネット上で大拡散した。

内定先の百貨店には「女性として、レイプを擁護するような人がフロアで働いていると思ったら安心して買い物に行けません」といった電凸（電話突撃）が相次ぎ、この学生は内定取り消しになったとの噂も立った。さらに、学生の周囲の人間関係も明らかになり、その内の1人の女性がAV女優に似ている、と2ちゃんねるに書き込まれた。

誰かがその女優が登場しているAVの画面をキャプチャーし、彼女の写真と比較したところ、鎖骨の間のほくろとネイルの柄が一致。これにてネット上では彼女にAV出演歴があると大騒ぎになる。友人まで、とんだとばっちりを受けてしまったわけだ。

スクープをする一般人

こんな「事件」もあった。アディダス銀座店の女性店員が、サッカー日本代表選手、ハーフナー・マイクが店に来店した時にこうツイートしたのだ。

「そいえば今日マイクハーフナーが来た。ビッチを具現化したような女と一緒に来てて（後略）」「アシュトンカッチャー劣化版みたいな男が沢尻劣化版みたいな女連れてきたよｗとりあえずデカイね、ホントにｗｗｗ」（ｗ＝㈷と同意）

ここでいう「ビッチ」とは英語の「売春婦」や「あばずれ」といった意味だ。「沢尻」は女優・沢尻エリカのことだ。店員が客のことをこう罵倒するのも大問題だが、ハーフナーはアディダスの契約選手である。その後この女性店員は異動させられ、クビになったとの噂が立った。もちろんネットでは実名が暴かれる。今でも彼女の実名を検索バーに入れれば、この時のネット上での大騒動が上位を占めている。

一度の失敗をネットは許してくれない。

このことは肝に銘じたほうがいい。結婚しようとした時、転職をしようかと思った時、相手の親や人事部はあなたの名前をネットで検索することだろう。そんな時に一度の失言がもたらした大炎上騒動が出たら結婚の許しや採用をためらうのではないだろうか。

ネット上に多数存在している嫉妬まみれの人々が、リア充（リアルな生活が充実している人）や、待遇の良い会社に入っていると思われる人の人生を狂わせたいと考える場合もあるのだ。攻撃されそうな材料をわざわざ公にするのはバカとしか言いようがない。

いじめ事件の「誤爆」

２０１１年10月、大津市の中学2年男子生徒がいじめを苦にして自殺した。同級生によるあまりにも残虐ないじめの手口が報じられ、日本中の怒りを買う。この件では「加害者」たちの名前が伏せられていたこともあって、ネット上には相当数の探偵や自警団や私刑執行人たちが現れた。標的とされたのは3人の加害生徒の関係者とされる人の実名で、それらしきものが続々とネット上に晒されたが、問題はこれらが誤爆だらけだった点だ。

まず、ある実在の人物が「加害生徒の親族」と断定された。その上、その人物は自殺した生徒が搬送された病院に警察から天下っており、その圧力で病院は自殺生徒の死因をもみ消した、という「詳細」も明かされる。こうした書き込みを見て憤った人々が電凸を始めたことで、病院では通常業務に支障が出た。その後、これが事実無根であることが病院HPでわざわざ発表された。男性も警察に名誉毀損の被害届を提出する。

ほかにも「加害者の母親」とされて拡散した女性の顔写真がまったく関係のないスタイリストの女性だったことや、加害者の親族が役員を務めるとされるメーカーに抗議電話が殺到（だが、何の関係もなし）するなど、多くの大間違いが発生した。

こうした「探偵」や「私刑執行人」たちはメディアの記者のように取材をするわけではない。ほとんどの場合、PCの前に座ってネット上の情報だけで判断するものだから、たとえば加害者の苗字が珍しいものだった場合には、たまたま近所に住んでいた同じ苗字の人を簡単に関係者扱いするのだ。間違われた方としてはたまったものではない。

エゴサーチをしていなければ

軽率な行動をするのは、若者に限らない。社会的立場も分別もあるはずの大人ですら、ツイッターでバカなことをしてしまった例もある。洋服の通販サイト・ZOZOTOWNを運営するスタートトゥデイ社長の前澤友作氏は、自社名でエゴサーチをしていたのだろう、ある女子高校生のツイートを目にしてしまった。「エゴサーチ」とは自分や会社の名前で検索をかけて、書き込まれている内容をチェックする行為である。私も時々やるが、「バカ」「在日」「極左」など、散々な書かれようだ。ネット漬けの私でも、良いことを書かれていればお礼の返事を出したくなるし、悪いことを書かれていたら無駄に反論してしまう。

さて、前澤社長が反応したのは次のツイートだった。

「1050円なくせに送料手数料入れたら1750円とかまじ詐欺やろ〜ゾゾタウン」

1050円の商品でも、配送料等を含めると1750円になってしまう、という割高感を指してこの女子高生は「詐欺」と書いたに過ぎない。本当に詐欺行為を告発したいわけではなく、「高いよ！」と文句を言いたかっただけだろう。会社や社長に直接宛てたメッセージでもなかった。だが、これを発見した前澤氏は激怒したのだ。

ツイッターで「詐欺？？ただで商品が届くと思うんじゃねぇよ。お前ん家まで汗水たらしてヤマトの宅配会社の人がわざわざ運んでくれてんだよ。お前みたいな感謝のない奴は二度と注文しなくていいわ」と書く。これが大炎上し、結局前澤氏は謝罪することとなった。

エゴサーチをしてもあまり良いことはない。文句を言っている側も、単なるつぶやきであり、当人に対してメッセージを送っているわけでもないのに、いきなり当人から文句を言われてはたまったものではない。

他にも何百ものバカ事例を私は持っているが、これ以上出しても仕方がないだろう。

もちろん、ネットを本当の武器として活用し、弱者がネットを使って強者を一刺しし、「世界」を変えた例もある。たとえば2010年9月に発生した尖閣諸島漁船衝突事件の動画がユーチューブに公開された件だ。

政府は中国の漁船が海上保安庁の巡視船に体当たりをした動画の存在を明らかにしたものの、中国側に配慮をしたのか、「何があったのか」知りたい国民に対し一般公開しようとはしなかった。特定の国会議員だけに限って短縮版を見せたのだ。

ところが11月、突如としてユーチューブにその動画がアップされる。ネットでは閲覧が殺到し、メディアも一斉にこれを取り上げた。

この動画をアップしたのが「sengoku38」のハンドルネームを名乗る人物だった。弱腰の政府に対し、ネット上で猛烈な批判が巻き起こるとともに、sengoku38を英雄視する空気が生まれた。菅直人総理や、ハンドルネームの由来とも言われた仙谷由人官房長官は「公務員が故意に流出したとすれば明らかに罰則付きの国家公務員法違反になる」と述べる。するとネットでは、中国の暴挙が白日のもとに晒されたというのに、奥歯に物が挟まったかのような政府関係者の物言いに対して「売国奴」呼ばわりが巻き起こる。こうして民主党はますますネット上での人気を低下させていったのである。

これぞ弱者の一刺し。一個人が誰でも使えるネットのサービスを使って44分の動画を公開したことで、国家を揺るがすまでになったのだ。

結局この動画は神戸のネットカフェからユーチューブにアクセスされたPCによって公開されたことがつきとめられ、海上保安庁職員の一色正春氏が動画を公開したと名乗り出た。一色氏はその後辞表を出した上で停職12ヶ月の処分を受け、辞表が受理され退官した。現在一色氏は元海上保安官としてメディアに登場し、尖閣問題をはじめとした領土問題等で解説役をつとめるなどの活動をしている。

クズ発言

ツイッター普及以後、一般人と有名人の間で交流が生まれるようになったのは新しい流れだと言える。たとえば、お笑いコンビ・ロンドンブーツ1号2号の田村淳がツイッターで「今、暇な人?俺、スゲー暇!」と書いたところ、暇な人が声をあげた。それを受けて淳は「今ここにいます…ここにイモトメイクして来てくれる人いない?ずっと待ってます♪」と書き、東京タワーが見える東京・芝公園の写真を掲載。「イモトメイク」とは、タレントのイモトアヤコがやっているような、やたらと太い眉毛にするメイクのことだ。すると、16人の人々が芝公園を訪れ、記念撮影をするに至った。これは『淳の休日』というインターネットの番組企画に発展した。

ただし、こんな平和な出来事ばかりではない。芸能人と一般人の間で無用な軋轢が生まれ、事故が起きるようにもなった。

お笑いコンビ・品川庄司の庄司智春に対し、とあるツイッターユーザーが庄司の妻・藤本美貴以外の女性と一緒に歩いていた姿を見かけたとツイート。庄司はこれを否定、その後何度かのやり取りの後、ついに「お前おちょくってるのか?」と激怒した。するとそのユーザーは謝罪したのだが、庄司は自身のフォロワーから同情されたり、このユーザーを叩くツイートを見たりして「援軍得たり」と思ったのか、このユーザーに対して「こういうクズは許せない!」などの「クズ」発言を何度もするに至ったのだ。最初に落ち度があったのは庄司でないとはいえ、この一件で「本性」を露呈してしまい、株を下げてしまった。2013年6月に庄司はSNSに疲れたとしてツイッターをやめた。

また、お笑いコンビ・トータルテンボスの藤田憲右はテレビ番組で披露したネタが「パクリ」だと言いがかりをつけられたことに激怒してツイッターをやめてしまった。母親の生活保護費不正受給問題でバッシングを浴び続けていた次長課長・河本準一もつぶやくことがなくなったとして終了宣言をした。

お笑いコンビ・ドランクドラゴンの鈴木拓は鬼ごっこをするテレビ番組『逃走中』

（フジテレビ系）で、途中ギブアップしたためにツイッターが炎上。この番組は逃げている時間が長ければ長いほど賞金が上がっていき、途中で鬼ごっこから降りてもそれまでの賞金はもらえるというもの。鈴木は賞金130万2000円の時点で降りたのだが、これに対して「卑怯だ」という声がツイッターに殺到し、炎上したのだ。ルールを破ったわけではないから、非難されるいわれはないはずだし、バラエティ番組の演出なのだから、そこまでムキになる必要もないのに、不快に思う人や、高額の賞金を獲得したことを嫉妬した人々が攻撃者に変貌した。ツイッターは文句を直接言えるツールというわけだ。鈴木は途中まで健気にジョークを交えて批判者に対応していたのだが、途中から心が折れたのか、芸人さえやめたくなったと言い残し、ツイッターをやめた（その後復活）。

『五体不満足』の著者である乙武洋匡氏は銀座のレストランで車椅子であることを理由に入店を拒否されたことに激怒。店名を挙げてツイッターでその対応を非難した。店にはクレームが殺到したものの、フォロー数60万人を超える乙武氏が店名を挙げたことを批判する声も多数で、これは2013年春最大の炎上事件となった。

有名人は有利

しかし、実はこういうトラブルめいた事態になった場合でも有名人の場合、対応さえ間違えなければ、事を有利に運べるという面はある。

北海道日本ハムファイターズに在籍していた頃のダルビッシュ有（現在テキサス・レンジャーズ）が、松茸を「めっちゃ食いました。でもたまには贅沢もいいかな。にしても食いすぎた」とツイッターで報告。すると、「後楽園球場のすぐ側で育ったオヤジです」と名乗る人物が「たまには？この不況で贅沢できない人は多いです。皆のあこがれのあなたは口に気をつけなければ。いまだにONといわれているのはその点でしょう。どうでもいいか○○○君は（笑）」と書いたのだ。

いささか分かりにくい文章だが、おそらく未だに野球界ではON（王貞治、長嶋茂雄）こそ真のスターであり、ダルビッシュはその器でない、と言いたかったのだろう。

もちろんダルビッシュはこの人物をフォローしていなかっただろうが、ツイッターでは誰でも@に続けてダルビッシュのユーザー名を入れ直接メッセージ（メンション）を送ることが可能だ。当のダルビッシュはこう答えた。

「他人と比較しても良い事はほとんどない。こんな事書く時間があるなら自分が成長するための時間に使って欲しい」

――完全に正論である。これを目にした人々も、良いことを言ったつもりのオッサンと逆にそれをたしなめる若者という構図に、拍手喝采だった。そして多くが「自分で稼いだカネで何をしようがいいだろ」と、このオッサンを叩いた。

また多くのフォロワー数を誇る歌手・浜崎あゆみに対し、何度もメンションを送ったファンと思われる人物は、あるとき自分に対して返事がこないものだから「そんなんだから中卒中卒って馬鹿にされるんだよ」とつぶやいた。

これに対し浜崎は「私は構いませんが、中卒で頑張っていらっしゃるであろう、多くの方々に失礼な気がしますし、それは決して馬鹿にされるような事ではないと思います」と返答。これまた大人な対応だとして、突然キレたファンとの対比が賞賛された。

一方で中卒を馬鹿にしたような書き込みをした人物に対しては、浜崎のフォロワーから猛烈な勢いで批判ツイートが殺到した。こうして大量の批判ツイートが押し寄せてきたら、大抵の場合は心が折れてツイッターのＩＤを消して逃げることがほとんどである。失うものがない匿名だからこそできる芸当である。

このように有名人は炎上に見舞われても、彼らを擁護するファンが必ず多数現れて、彼らを叩く発言をした少数の人物に対する攻撃が発生する。芸能人やスポーツ選手は数万〜100万人単位のフォロワーがいるわけだから、味方も多数いて〝自浄作用〟が働くわけだ。有名人に非がない場合、いや、非があってもファンは彼らを擁護し、叩いた人間を叩き返す。

「お前が言っていることはアホだ」「このゴミ野郎。○○さんにお前ごときが意見してんじゃねぇ、カスめ」——などと罵る、数の論理がかなりまかり通るのである。

フォロワー数は「戦闘力」

様々なウェブサービスを生み出す株式会社クレイジーワークスの総裁で『ソーシャルもうええねん』（ナナ・コーポレート・コミュニケーション）という著書のある村上福之氏は、ツイッターのフォロワーの数を漫画『ドラゴンボール』に登場する「戦闘力」に喩えたことがある。ツイッターのフォロワーが多ければ、何かを発言し、アンチから絡まれても、助けてくれる（本章で挙げた例でも明白だろう）。何かを宣伝したら、より多くの人が買ってくれる。ツイッターのフォロワーの数はまさに戦闘力であり、フォロワー10万人の人と50人の人がケンカをしても、もはや50人の人には勝ち目がないというわけだ。

ただし、フォロワー数だけ見ればいいというものではない。

時々、一般人でもフォロワーが１万人以上いて、「おっ」と思わせるユーザーがいる。しかしよく見ると、自分がフォローしている人数も１万人以上いるのだ。この場合の「戦闘力」はかなり怪しい。先述の村上氏は次のように述べている。

「こういうパターンは、自動フォロープログラムを使ったか、人力で、大変がんばって無差別フォローしたか、あるいは偽アカウントで増やしたか、この３つのいずれかだと思われます」（同書）。

自動フォロープログラムとは、フォロワー購入サービスのことだ。フェイスブックの「いいね！」（「共感した」との意思表示）も買うことができる。アメリカのサイトがその中心だが、１「いいね！」あたり２・３円〜、ツイッターのフォロワーは０・72円〜程度となっている。村上氏はこうしたフォロワーには卵アイコン（ツイッターを始めた時の初期アイコン＝つまり、ただ作っただけの偽ＩＤ）や海外のＩＤが多いと指摘する。

有名人たちのフォロワー数、フォロー数を見てみよう。執筆時でのダルビッシュのフォロワーは約90万なのに対し、フォロー数は１４５。浜崎はフォロワー約87万に対し、フォロー数は僅か７。ネット上ではフォロワー数の多さこそ影響力の証であり、フォロー数との落差は圧倒的な支持の証であることが分かる（数字は本書執筆時。以下同）。

2012年4月に行われたネット調査では、日本人ユーザーの約90％はフォロワー数2000人以下で、平均フォロワー数は317人、フォロー数は325人だという（「facenavi Twitter 日本人ユーザー・データ調査」より）。普通の人は知り合いや友達とフォローしたりフォローされたりしているわけで、フォロワー数だけがダントツに多いということにはならないのだ。

ツイッターユーザーの嘆願に「やりましょう」と答えることで知られるソフトバンクの孫正義社長をみても、フォロワー数は190万、フォロー数は80となっている。ちなみにこうした孫氏のやり取りは今でも続いており、iPhoneの下取り価格を上げることや、iPhone用放射能測定デバイスの開発に取り組むことなどを約束した。やや人気取りを狙っている感は否めないものの、長きにわたって客の声に耳を傾けるこのやり方は企業のトップとしては立派だろう。

ネット上での影響力を測るツールというのも存在する。アメリカ・クラウト社の提供するKloutや宇宙会社ソエンドのQrustなどで、フォロワー数が約3260万人の米・オバマ大統領をKloutで見ると100点満点で99点。2期目の大統領選を戦ったライバル、ロムニー氏のフォロワー数は約160万で、Ｋｌｏｕｔスコアは88点。フォロワー数世界一の4000万人を誇るジャスティン・ビーバーは92点という具合だ。では一般人ではどうなのか。

試しに「フォローしている」が796人で「フォロワー」が344人の人物のＫｌｏｕｔスコアを見てみると42点。同様に104人、37人の人物を見てみると19点だった。

ここから読みとれることは、あくまでも現実世界での知名度、影響力がネットでもそのまま反映されてしまうということである。私の実感としては、現実社会の階層構造より険しく厳しいネット世界の頂点を占めるのは、現実社会の有名人にネット上のプチ有名人を足したうちの僅か0・01％に過ぎない。

なぜネットの階級社会は現実のそれより「厳しい」と断言できるのか。それはネットで普通に頑張ったところで、食えるようにはならないからだ。受験や就職は確かに厳しい。常に成功するとは限らないし、挫折もあるだろう。それでも、努力はある程度報われるし、目指す学校や職業への正規の道は存在している。弁護士になりたければ司法試験を受ければいいし、野球選手になりたければ野球部で実績を残せばいい。給料の高い会社員を目指すならば、大学に入っておいたほうがいいだろう。しかし、ネットにはそんな正規の道はない。そこに君臨しているのは芸能人やネットと携帯事業で稼ぎ、「震災に100億円寄付」ができる孫社長のような一握りのオオモノなのだ。
では、ネットで一般人が「成り上がる」ことは本当に不可能なのか？

可能性はきわめて低いがゼロではないという程度である。

現在私は「日経マネー」という雑誌で「ネットでお金をカモられない方法」という連載コラムを持っている。ここでは、ネットでお金と時間をいかにムダに浪費しているか、をテーマに毎月書いている。「アフィリエイトで儲かる人はごく少数派」「情報商材はインチキなものも多い。なぜなら私もやっていたから」「携帯電話の明細を見ずに、惰性で課金をし続けることも多い」「ソーシャルメディアコンサルって本当に必要か？」「あなたのクリックは、強者に利用されているだけ」「オークションは損する」等々。
一般の人たちの浪費は、そのままごく一部の勝者のカネになっている。ネットとは欲とカネが渦巻く世界なのである。決してバラ色の世界ではなく、とんでもなく激しい競争と生き馬の目を抜く過当競争があることは覚えておくべきだ。

第2章　99・9%はクリックし続ける奴隷

ブログが先端だった時代

ネット上のツールは最初は一部のマニアや先進的な人が飛びつき、活用するが、最終的には「有名人」「芸能人」がそこに参入して、場を支配してしまう。基本的にネットの世界ではこのストーリーがリピートされていると考えていい。

ＳＮＳが登場し、身近になってきた流れを見ていこう。

メルマガ、セカンドライフ、通信型オンラインゲーム……変化の激しいネットの世界でも、ＳＮＳの世界ほど盛者必衰の理を顕（あらわ）すものはない。アメリカでは１９９７年に「シックス・ディグリーズ」というサービスが登場した。この名は知り合い６人を辿れば世界のどんな人にも行き着くという当時注目された仮説から来ている。しかしサービス自体は、ＳＮＳの生命線でもある「写真」をなかなかアップできないことから衰退した。別にそれは機能の問題ではない。在米ジャーナリスト、石川幸憲氏の分析によれば、単にアメリカでデジカメが1990年代後半〜2000年代前半に普及していなかったからなのだという（『フェイスブック革命』の真実 ソーシャルネットワークは世界をいかに変えたか？』石川幸憲著 アスキー新書）。その後、フレンドスター、マッチ・ドット・コム、マイスペースなどの時代が到来したが、今は純粋なSNSという意味ではフェイスブックが圧倒的存在感を見せている。ただマイスペースが音楽ファンには強いなど、何かの分野に特化して存続するものもある。

ネットのサービスというものは、パクリの歴史である。何かがヒットすると、それに類似したものが出て、時流に合っていたなら爆発的ヒットを遂げる。サービス開発者はその時に買収を持ちかけられたものの、応じなかったが故に後で地団太を踏むこともある。2012年の「売り抜け」の成功例は写真共有サービス、インスタグラムのフェイスブックへの売却だろう。インスタグラムはほとんど儲けていなかったサービスではあったが、この時10億ドル（当時約790億円）の値をつけたのだった。

翻（ひるがえ）って日本のネット事情を見てみると、2004年頃はブログ戦国時代の幕開けだった。先行するライブドアブログやココログ、gooブログ、ヤプログ!、fc2ブログなどを猛追すべく、株式会社サイバーエージェントがアメーバブログ（以下アメブロ）で業界に参入した頃である。その頃は「アルファブロガー」（トップクラスのページビュー〔閲覧数、以下PV〕を誇る人気ブロガーのこと）という言葉の全盛期で、ここから新たなる論壇が生まれることが期待された。

その頃の企業のプロモーションの企画書には、必ずアルファブロガーのリストが列挙され、「この人たちに商品について書いてもらえば、彼らの読者がさらに広げてくれます」というネズミ講のような図が描かれていることがしょっちゅうだった。

2006年頃には「株式会社はてな」が日本のITベンチャーを引っ張る雄として期待される。はてなには、自由闊達な空気で社員が自由に発想する風土があった。そう、「グーグルストリートビュー」や「グーグルアース」など、先端的なサービスを次々と生み出すグーグルの日本版として期待されていたのだ。

また、この頃のSNS界では二大巨頭としてGREEとミクシィが存在。GREEは現在のフェイスブックのように、どこか意識の高いビジネスマンが異業種交流をする場を求めている空気があった。ミクシィは学生や主婦のコミュニティとしての役割が大きかった。

この頃まで、インターネットは完全に「個人のもの」だった。序章で述べたように、米TIME誌が「Person of the year」に「YOU」を選んだのは2006年である。

確かに、一般個人である「YOU」たちはネットをきっかけに活動の場を広げていった。日本ではその頃から、『実録鬼嫁日記』『きらきら研修医』『中国嫁日記』『こうちゃんの簡単料理レシピ』といった個人のブログが書籍化されたものがベストセラーになったりドラマ化されたりする現象が起きた。ケータイ小説も大ブームで、『恋空』は200万部超えのヒットとなり、ドラマ化・映画化された。なかでも『Deep Love』はシリーズ累計270万部を突破した。いずれの作家も、元々は既存の出版社が相手にしていなかった人たちである。

ワケあり明太子の勝利

一般人・個人がネットの主役として君臨していたこの頃、企業は何をしていたのか。

企業とネットについては後の章で述べるが、簡単に触れておきたい。2000年代前半は、「コンテンツをとりあえず作る」ことが重要だった。

積極的に見てもらおう、というよりは、ウェブ上に必要な情報がない場合に発生するクレームを回避するための「証拠」としてコンテンツを作っている程度だった。それ以外には「続きはウェブで」と、テレビＣＭで言い足りないことを見てもらうための場として使っていた程度だろうか。

２０００年代中盤になると「リッチコンテンツ」――とにかく見た目だけが良くて更新するのに大変なコストのかかるコンテンツでサイトを埋めることに彼らは血眼になっていく。

そんな紳士的な彼らを尻目に、楽天等のネット販売（ＥＣ）サイトはひたすら「今だけしか買えません！」「ワケあり明太子、95％オフ！」など扇情的な文字を並べて購入意欲をそそり、こうした傾向を受けて転職エージェントは口を押さえて驚く美女が「えっ、私の年収低過ぎ……」という、デザインもへったくれもないようなバナー広告を容赦なく大量投下し続けた。さらに不動産サイトは「えっ、俺の家……、こんなに高く売れるの」と同様の手法をパクる。どちらかといえば洗練とは別のベクトルの広告である。

これらを何度も何度も目にするということは、それなりに広告効果があり、会社も儲かっているのだろう。こんなものを見せつけられてしまうと、リッチコンテンツを作っていた人々は、ネットユーザーの良心に期待し過ぎていたのだと思う。

ユーザーは本当に良いものを選んでくれるはずだ、と。
どちらの手法が有効だったかは、言わずもがなだろう。

芸能人とは「最強の個人」

2007年頃から、ネットに異変が起きはじめる。芸能人がブログを戦略的に使うという意識を明確に持ったうえで参入するようになってきたのだ。

彼らは既存4マスからもらえる潤沢なるギャラを主な収入としていた。「4マス」とは広告業界で言うテレビ、新聞、雑誌、ラジオの産業メディアだ。かつては4マス以外の広告媒体として屋外広告や電車の車内広告、折り込みチラシ、DM（ダイレクトメール）などがあり、そしてその範囲外にインターネット広告が存在するという感覚で、2000年代中盤くらいまでは「4マスとネット」といった言い方がされていたものだ。

これら4マスの広告費が減少傾向にあり、それにかわってネット広告が台頭してきたことはよく知られている。そうしたネット広告の急成長と時を同じくして、芸能人とインターネットの関わり方も変わってきた。その先鞭をつけたのがサイバーエージェントが運営するアメブロである。過熱するブログの会員獲得競争、PV獲得競争において、芸能人に目をつけたのだ。

元々は眞鍋かをりがココログでブログを書き、「ブログの女王」として注目を浴びていた。そして中川翔子がヤプログで人気を博していたが、アメブロは芸能事務所単位で芸能人にブログを書いてもらうよう依頼をし、囲い込みを始めていった。

PVとユニークユーザー（UU＝実訪問者数）は、ネットでメディアを運営する者にとっては生命線のようなものである。それは個人ブログにとどまらず、企業サイト、ニュースサイトでも同じだ。

当時、ブロガーのPVは月間100万ほどもあれば、立派な影響力を持つアルファブロガーとして認められたところだっただろう。

だが芸能人は、100万PVを僅か1日で達成してしまったのである！

この傾向は年々強まるばかりで、上地雄輔は2008年に1300万を超えるPVを1日で達成、数日後の誕生日前日には祝福コメントが5万6000件を超えた。プロゴルファーで石田純一の妻・東尾理子が、2012年3月に妊娠を発表した時は1日900万PVだったという。また、芸能人とは異なるが、テレビによく出ていた元フジテレビアナウンサーの長谷川豊氏が退職後に書いたブログは、1日で131万PVを獲得したという。フジテレビの内情を今後暴露していく、といった期待がもたれたのと、ヤフー・トピックスで取り上げられたからである。

最強メディアであるテレビ番組で顔が知られた彼らには当然、視聴者層を根こそぎネットに連れていく力があるため、この数字も当然といえよう。そして何が起きたか。

芸能人のネット進出に伴い、テレビを熱心に視聴する層がネットに参入したことで、「ウェブはバカと暇人のもの」化が進んでいく。そして、テレビ視聴者層もブログを開始したり、様々なサービスに会員登録したりするようになる。なにしろ以前に比べ、そうした手間は格段に楽になっている。かくしてネットが「当たり前の存在」になっていくのだ。

芸能人のブログは、芸能人の仕事の仕方も変えることになった。ブログがマスメディア化していくと、そこには自然と広告がつくようになる。芸能事務所は「CM出演+記者会見登場+ブログで報告」という仕事の取り方をするようになり、これこそがネット上での情報拡散をなんとしても達成したいクライアント企業のニーズに合致するようになるのである。となれば、PVの高い人気芸能人ブロガーのもとには仕事が殺到するようになる。ビートたけしやタモリ、SMAPといった大御所は相変わらず4マスでの仕事が多いためネットに参入する必要はないものの、中堅以下の芸能人はこぞってネットに活動の場を広げていった。

その後そうした行為は広告であることを隠して宣伝する「ステルスマーケティング」（後述）と批判されるようになるのだが、当時は誰もそれほど目くじら立てることなく、芸能人は対価をもらい、ブログで商品を紹介していた。

さらにリーマンショックがあった関係で、2008年末からは彼らがカネ稼ぎの場としてネットに活路を見出そうとする傾向が強まる。その場はオフィシャルサイトであり、ブログであり、ツイッターである。

実際、ブログがきっかけで復活を遂げた芸能人も多い。いまや人気ブロガーとして君臨する辻希美、矢口真里、藤本美貴といったモーニング娘。の元メンバーがその筆頭として挙げられるだろう（矢口は不倫・離婚騒動で窮地に追い込まれたが……）。AKB48や韓流が芸能界を席巻した2008〜2009年頃以降、彼女たちはそのフットワークの軽さからありとあらゆる仕事をこなすようになり、見事テレビ界にも復帰して多数の露出を稼ぐようになるのである。

プライベートは金になる

彼らが武器にしたのは、呆れるほどのプライベートの切り売りである。芸能人という職業は、いかに「キャラかぶり」を避けるかが勝負である。そして、「とある人生のステイタス（状況）を基にしたポジション」をいかに取るかが重要だ。

具体的には「ママタレント」「子育てパパタレント」「新婚タレント」「介護タレント」「マラソンタレント」など何でも良い。ネット時代以前は、雑誌のインタビューや『徹子の部屋』（テレビ朝日系）や『はなまるマーケット』（TBS系）といったトーク番組でなんとか趣味や現在の生活状況を伝え、次の仕事や広告の仕事を獲得していく仕組みになっていたのだが、ネット時代になれば、いつでも何でも言えるのである。

そこで始まったのが、下手な鉄砲も数撃ちゃ当たる、とばかりにとにかく自分のステイタスが変われば何でも公開することだった。

婚約しました、妊娠しました、検診に行ってきました、今月は臨月です、入院です、なかなか生まれません、出産しました、名前をつけました、初めてじいじ・ばあばと会いました、1歳になりました、運動会のお弁当を作りました……。これらの報告がすべて仕事につながるのだ。

独身のギャルモデルでも、彼氏とキスしたことやら、彼氏と別れたこと、デートで屁をこくのをためらうことなど、何でもかんでも言うようになる。それが「自由でオープンで素敵な生き方」などと賞賛され、「若者のカリスマ」になったりするのだ。なかでも私もさすがに呆れたのが、東尾理子である。彼女の通算獲得賞金は日本女子プロゴルフ協会（ＬＰＧＡ）の公式サイトによると４４００万６１９０円。２０１０年は０円で、２０１１年は32万２０００円。２０１２年は記録なし。この数年は、実質的な引退状態だった。彼女はゴルファーとしてはまったく活動していないわけで、現状石田純一の妻であることや、年の差カップルということ以外に、もはやウリはない。そこで、少しでもウリを作ろうとすべく、様々なものを利用し始める。

石田純一の元妻との子供である俳優・いしだ壱成や、前妻との子でモデルのすみれと仲良く食事をする画像を公開する。さらには、あろうことか不妊治療を経て授かったお腹の赤ちゃんがダウン症である可能性があることを、２０１２年6月にブログで明かしたのである。この話題は様々なメディアで取り上げられ、東尾は再度かなりの注目を浴びることとなる。ダウン症の可能性は82分の1だったそうだが、そこまで利用するか！といった受け止め方をする人も少なからずいた。結果的には赤ちゃんはダウン症ではなかったようだが、産後すぐに母子写真を公開し、お祝いに集まった芸能人たちと子供と一緒のツーショット写真を多数公開、退院後は夫・石田からの手書きメッセージを公開するなど、さらけ出しまくりだった。ちなみにダウン症については その後一切触れていない。また出産の前月には、2年に及ぶという不妊治療の日々を書籍で発表している。

さらに呆れたのは野球の世界一決定戦・WBCの日本代表合宿の最中に、代表の投手コーチである父・東尾修氏が宮崎から帰京し、理子と初孫とともにベビーカーの記者発表会に登場したことである。理子が呼んだのか東尾コーチが来たがったのかは知らないが、本気の戦いをする父まで商売に利用するとはたいしたもんである。

まぁ、「すっぴん披露」「鎖骨披露」でさえ、ブログのアクセス増に繋がるワケなので、こうしたステイタスの変更や、人生に起きたドラマチックな出来事をいちいちネットで公表するのも立派な営業活動といえるのだろう。だからもうこれ以上は言わない。

ツイッターでも芸能人が優位

SNSの流れに話を戻そう。2007年以降、ブログの世界は芸能人、有名人に席巻されてしまった。では、旧来からネットを活動の場にしていた一般人はどうなったかにも触れておきたい。グルメブログや日常の雑感などをブログに綴ってきたネット愛好家のなかには、芸能人によってブログが「荒らされた」場所となったことを嫌がる人たちもいた。彼らは、ツイッターに場所を変えようとする。

別に芸能人が入ってきたからといって、自分の場所を取られたと感じるのは間違いだ、と指摘する向きもあるだろう。好きなら続ければいいじゃないか、と。だが、芸能人が参入すると、テレビを熱心に視聴する層が大量に入ってきて明らかに場の雰囲気が変わってくるのである。また、ブログランキングの高さを維持することを更新のモチベーションとしていたのに、それが下がってしまうと途端にやる気がなくなる人もいる。もちろん、ランキングの上位は中堅以下の芸能人が占拠してしまっている。一般ユーザーのモチベーションを維持するため、運営側はランキングを有名人と一般人とで分ける措置を取っている。

一方、２００７年～２０１０年初頭まで、ツイッターはネットリテラシーが高い人々の世界であり、当時は新しいネットツールやガジェットの紹介などが積極的に行われていた。もちろん、ツイッターでユーザーに表示されるタイムライン（フォローしている人のツイートを見る場所）は人それぞれなのだが、当時は「おすすめユーザー」と呼ばれる存在の人々がいた。

ツイッターのIDを作ると、20人ほどの「おすすめユーザー」が表示される。もちろんフォローしないという選択も可能なのだが、勧められているのだから、ということで、多くの初心者たちが彼らをフォローしたことだろう。何しろフォローしなければ、自分のタイムラインには自分のつぶやきしか表示されないのだから。

その頃、おすすめユーザーのほとんどはITに詳しい一般の男性たちだった。彼らはツイッターの可能性を説き、使い方も丁寧に解説してくれる人々で、約20万のフォロワーを抱えていた。しばらく、彼らはツイッター界の強者だった。

ちなみに2009年10月、もっともフォロワー数が多い日本人は森田悠介さんという23歳の大学生だった。その数57万人。ごく普通の若者である彼になぜそこまでフォロワーが多かったのかというと、アメリカ公式サイトの「おすすめユーザー」にたまたま含まれていたからだという。それにより、海外の人が次々と彼をフォローしていったのだ。当時は多数のメディアから取り上げられた。

だが、ここにも再び芸能人・著名人が進出するのだ。

その数が爆発的に増える契機となったのは、2009年夏に歌手・広瀬香美が勝間和代氏の指導のもとツイッターを使い始めたことにある。ガチャピンや浜崎あゆみ、有吉弘行、孫正義氏、篠田麻里子など芸能人、有名人が次々とアカウントを取得し、軒並み100万超えを果たした。1位は有吉の約244万フォロワーである。

2010年1月には「週刊ダイヤモンド」が「2010年ツイッターの旅」という特集を企画し、ここから各種メディアで紹介されるようになってツイッターは大ブレイクを果たす。

さて、ブログにせよツイッターにせよ多くの芸能人、有名人が忙しい中、それに手を染める目的は、突き詰めれば「カネ」ということになる。もちろん「ファンとの交流」のみを目的としている純粋な人もいないわけではないのだろうが、まあほとんどは「宣伝」や「広告収入」を目的としていると考えてもいいだろう。それをわかりやすい形で示したのが一連の「ステマ騒動」である。

成分に詳しすぎる芸能人

2012年1月、人気飲食店口コミサイト「食べログ」での不正が発覚した。39もの業者が、飲食店からカネをもらってその店の評価を上げるための工作活動を行っていたことがわかったのだ。これが「ステマ騒動」の発端だった。

ステマとはステルスマーケティングの略で、広告なのに広告と明示せず良い情報を見せる行為を意味する。レーダーに捉えられにくい「ステルス戦闘機」が語源だ。食べログの場合は、口コミ評価が来客数に影響することを逆手に取った商法だったわけだ。ちなみにこの件では食べログ側は関与していない。

以後、ステマということばはネット上で幅広く知られるようになる。これに関連付けられたのが先述した芸能人のブログだ。彼らが洋服や美容製品、子供用品、食品まで、さまざまな商品をプッシュする姿勢は激しくなる一方だった。

番組出演や撮影で大忙しのはずの彼らが妙に美容製品の成分に詳しかったり、ある商品についてご丁寧にPC版、モバイル版購入サイトへのリンクを貼っていたりするのはさすがに不自然さを感じさせた。お粗末な場合には、同一商品を同じタイミングで複数の芸能人が一斉に紹介していたこともあった。

もちろん、彼らは業者に頼まれてやっていたのだ。実はそうした場合の料金表も存在していた。私はとある広告代理店の資料を見たことで、ある商品についてブログに書いた場合、どれくらいもらえるのかを知ってしまった。数年前の資料だが、芸能人ブロガーのランクは「E」から「S」まであり、ランクEであれば、1本のブログのエントリーを書けば60万円、2本書けば90万円。ランクSであれば、1本200万円、2本300万円である。人気とブログのPVによってランクは変わっていく。

「こういったステマは一般人にもオファーがやってくる。ソーシャルメディアにも「この文言で書いて下さい」という活動は存在していた。私も実態を知るために、そういった依頼をしてくる会社に登録しており、時に「100円あげます。書いてもらえませんか？」というメールがやってくる。

こうした事象がなんとなく知られるようになったなかでの食べログのステマ騒動だっただけに、以後、ネットユーザーは何か商品が紹介される度に「ステマだろ」と疑うようになった。2012年半ばには、本当に好きな商品の名前を書くことさえ憚(はばか)られるような状態だった。ソーシャルメディア上でわざわざ「ステマじゃないですよ」と一言添える人もいたくらいだ。

この頃、ステマに詳しい専門家としていくつかのテレビ番組に出演したことがある。その時、こうしたステマ価格の実態を話したところ、共演した芸能人が「うそー！」「えっ！　そんなにもらえるの！」などと言っていたが、そのうちの1人は明らかに普段からステマをやっている人物だったため、内心かなり苦笑してしまった。

ペニーオークション事件

そして2012年末、ステマで再びネット上に激震が走った。

ペニーオークション（以下ペニオク）というオークションの形態に関連した詐欺事件で、運営会社・ワールドオークションの4人が逮捕され、さらにこのサービスをブログで宣伝した芸能人の名が続々と報じられたのである。

通常のネットオークションは、オークションサイトが中間に入って出品者と入札者を結ぶ方式で、基本的に入札にはカネはかからない。そして制限時間内に最高額で落札した人に商品が渡ることとなるシンプルなものだ。だが、ペニオクは、まずは運営側が商品を用意する点から仕組みが異なる。入札開始額も0円や1円のように異常な安さだ。そこから人々が1円ずつ入札をし、通常4～5万円するiPadが最終的に「855円で落札できた！」という例もあるとされる業態だ。

だったらいったい運営側の儲けはどこにあるのか。

実はこのオークション、一度入札するたびに、参加ユーザーは50～75円程度の手数料を取られるのである。だから、たとえば運営側が５０００円相当の商品を出品した場合、手数料が75円だとすると、67回の入札があれば５０００円の原価は確保できる。０円でオークションが始まったとすると落札価格は驚きの67円、客の満足度も高いというわけだ。ただし、これはいわばオモテの値段で、ユーザーは入札回数×75円も合わせて支払わなければならない。

通常のオークションとの最大の違いは、「オークション終了時間が分からない」という点だろう。だから、儲けが出たと運営側で判断したところで突然打ち切られるのである。それまでは全員がなんとか安く商品を手に入れようと手数料を使いまくり、落札者の１人以外が最後に涙を飲む。いや、落札者だって意外に高いと思うのではないか。

この仕組みを知ったうえで普通の人は、さあ入札してみようと思うだろうか？　本当に落札できるのか疑うほうが普通だろう。そこで運営側が欲しかったのが「○○のペニーオークションで、××円で落札できました！」という声だった。もちろん、「最強の個人」である芸能人がブログに書いてくれるのが最も宣伝効果が高い。実際、このいかにもうさんくさいペニオクで「落札できたよ」と芸能人ブロガーが報告しまくっていた。

いや、これだったらまだ良い。今回の件が「手数料詐欺」として立件された理由は、同社のサイトはそもそも落札できない仕組みになっていたからである。家宅捜索の結果、なんと商品を仕入れた事実がなかったことが判明したのだ。ユーザーが見た「商品」は、おそらく適当にどこかのサイトから盗んできた画像を貼りつけていたのだろう。

さらに、サイトではこの架空の商品をめぐって、自動入札システム「ボット」が稼働していた。ある商品に誰かが入札した場合（もちろん1回ごとに手数料が発生する）に、運営側のボットが自動で入札する（もちろん運営側なので手数料は発生せず）。一般の入札者がそれに釣られてさらに高い金額で応札してしまうと再び手数料を取られることになる。こうして、最終的には運営側の自動入札システムで落札してしまえば、手数料丸儲けでしかも商品を送る必要さえない。

また、登録会員数は約10万人とされていたうち、実際に入札に使うコインを購入していたのは4000人にすぎず、残りは架空とみられるということも分かった。

4割のカモ

実は以前から「なぜ、芸能人ばかりがこれほどまで落札できるのだ……」とネット上では怪しまれていたのだが、証拠がなかっただけに、明確なペニオク批判はできなかった。さて発覚後、ステマを請け負っていた芸能人たちはどう責任をとったのだろうか。

８５５円のｉＰａｄを落札したと自慢した俳優の永井大は、事務所を通じて説明した。

「落札したが、あまりにも安過ぎ、おかしいんじゃないかと思い返品した」

30万円をもらってニセの落札をブログで書いていたことが明らかになったほしのあきは、警察の事情聴取を受けた。ほしのは、知り合い（松金ようこというグラビアアイドルでワールドオークションの関係者と知り合いとされる）から文面と商品をもらい、そのまま書いた、とブログで報告、軽率だったと謝罪。その後、テレビ出演を自粛し、レギュラー番組もなくなった。

その後もお笑いコンビ・ピースの綾部祐二、熊田曜子、小森純らがカネをもらってステマをしていたことがバレる事態となった。他にも多数の芸能人が他のペニオクサイトで落札したことをブログで報告しているが、ほとんどが当時の記事を削除しているところから見て、どこか後ろめたいものがあるのだろう。小森はブログもツイッターもやめた。

いずれも「知り合いから頼まれた」という形にし、事務所ぐるみではないことをアピールしていたが、まぁ、こうしたものは事務所を通していないと考えるのは難しい。よっぽどタレント本人と関係が深い場合以外、ペニオク運営会社はタレント事務所と取引のあるステマ業者に頼み、その格に応じた金額を支払ってブログに書いてもらうのが通例である。事務所としても、芸能人が勝手に仕事を取ってきては、メンツが立つわけがない。価格は代理店価格で1記事あたり前出の通り60万～200万円程度だ。

こうした安易な小遣い稼ぎに芸能人が乗ってしまう気持ちは分かる。だが、これを信じてしまうネットユーザーがいるのが何ともバカバカしい。

以前、テレビで「納豆を食べればやせる」などとやり、日本中のスーパーで納豆が売り切れた騒動があったが、結局あれは単なるねつ造だった。それに騙された呑気というか素直すぎる類の方々が、今回もひっかかってしまったのだ。小森純が225円でアロマ加湿器を落札したというブログにはこんなコメントが書き込まれていた。

「ありがとう(^^) 激安オークションのサイト教えてくれてぇ(o´∀`o) さっそく登録してみたぁo(´▽`)o」

「225円超やすいですねぇ!!! 面白そうだからウチも覗いて見ます^^」

こうしたコメントが続いた後に、困る人も登場。

「じゅんちゃん、私も登録してみたんだけど、なんか退会出来ないし、質問メールも送れないし、困ってるんだぁ…ヤバいの…⁉個人情報も入れちゃったし…退会のしかたわかったら教えて！」

大体、225円でアロマ加湿器を獲得することなぞできないと考えるのが妥当だというのに、有名人が言っているから、と信じるのはどう考えてもメディアリテラシーが低すぎである。

だが、これも世間には「有名人が言っているから」で信用する人も意外と多い。ヤフーが一連のステマ騒動を受け、「芸能人が紹介しているかどうかが、購入の判断に影響する？」という調査を行ったところ、4万2190人が回答し、「影響する」と答えた人が40・5％、「影響しない」と答えた人が53・0％となった（調査は2012年12月14日から24日にかけて）。カモが4割もいれば十分だ。

本書のような本を読む賢明な皆様からすれば、「バカじゃねぇの？」と言いたくなるような話なのだが、世間の4割はこの程度の認識なのである。そりゃステマだってやるわな、だって本当に純粋呑気バカが買うんだもん、という結果だ。これまでの著書で書いたように、ネットでウケるものは、テレビでウケるものなのだ。人間はそうそう変わるものではない。

ステマやペニオク詐欺はさすがにやりすぎだったが、依然として芸能人はネットを上手に活用している。彼らにとってはネットで「無料の告知媒体が激増した」ということが重要なのだ。たとえば、ミュージシャンでモデルの土屋アンナのブログを見てみると、左側にギッシリと様々な関連サイト（通販含む）に繋がるバナーが貼られている。「公式HP」「レコチョク（有料音楽配信サイト）」「ミューモ（CD他グッズ販売サイト）」「ユーチューブ」「ミクシィ」「アマゾン（通販サイト）」「iTunes（アップル関連商品販売サイト）」「マイスペース」「ROSEY（ファンクラブ会員サイト）」の9つだ。ブログにしても、トップページを開いたユーザーにまず自身のライブ情報とチケット情報などを読ませる構成で、下にスクロールすると最新のエントリーを見られるようになっている。

「誰が言うか」が重要

いくらネットが万人に開かれたツールであろうと重要なのは「誰が言うか」なのだ。残念だが我々はその事実を認めた方が無駄な夢を見ないで済む。

この絶望的な事実を私が目の当たりにしたのが、読者モデル・武藤静香がネットを使ってたった1ヶ月で1億円売り上げた、という報告だった。武藤静香と言ってもピンとこない方が多いかもしれないが、ギャル系モデルとしてはトップクラスの人気を誇る。彼女は雑誌「小悪魔ａｇｅｈａ」の人気読者モデルで、アパレルブランド「Ｒａｄｙ」をプロデュース。このブランドはネットだけでの販売を２００８年に開始して２０１１年には月商1億円を達成した。これは大いに話題になった。現在は実店舗もあり、月商は２０１２年5月で１・5億円となっている。２０１３年には4店舗となり、月商4億円を目指しているという。

武藤は自身のブログでＲａｄｙの新商品情報や、企画している様子、スタッフの紹介などの情報発信を行い続けている。これはファンに対するサービスであり、かつ有効な宣伝活動である。

武藤はネットがあったからこれだけの売り上げを達成できた。だが、ネットがある以前に彼女は雑誌読者から絶大なる人気を得ていた。その彼女が「ネットも」使っただけなのである。東京のショップで服を購入できない地方のギャル達にとって、もっとも買い物をしやすいのがネットだろう。ただし、元々の実績も人気もない人間が突然ネットでショップを始めたとしても、すぐに売り上げに繋がるわけではない。ここを勘違いして「ネットがあれば私も金持ちになれる！　人気者になれる！」と思うのは大間違い。

ネットはあくまでも、リアルの場で実績がある人をさらに強くするものなのだ。

そんなことはない、と思うだろうか。しかし冷静に考えてみて欲しいのだが、あなたは見ず知らずの人のつぶやきや身辺雑記をいつも見ていたいものだろうか。たまには市井の中に、おそろしく気の合う人を発見することもあるだろうし、その人をフォローすることもあるだろう。仕事熱心な人は同じ業界の人のこともフォローするだろう。だが、ツイッターでは基本的には友人、知人以外には有名人をフォローするというのがかなり多くの人の使い方だ。そうなると、有名人のフォロワー数が多くなるのは必然である。

知名度は「格差」を生むのだ。

いくら権利や機会が平等に与えられているようでも、現実にはその「格差」が存在する。「影響力」という観点でみると、わずか一握りの芸能人やスポーツ選手、政治家、経営者たちがトップに君臨、その下にプチ有名人が連なって、ほぼ全体を占める一般人に一方的に影響を与えるというピラミッド構造になっているのである。

クリックする機械

あなたの１クリック、１いいね！、１ＲＴはすべて強者をより強者にするために使われている。イケている人をさらにイケている人へと強化するために使われている。いわばあなたは「クリックする機械」でしかない。

何もそこまで……と思われるかもしれないが、これは事実である。ありとあらゆるサイトでは、ＰＶこそが儲けの源泉になっているのだから。

ネットは元々誰にでも平等なツールだと主張されてきた。曰く、「誰が言うかよりも何を言うかが重要だ」と。つまり、書き込む、という行為自体は誰に対しても平等に与えられているのだから、勝負は平等ではないか？　ということである。

だが、実際には、すでに見たように現実世界で強い人々がネットを使ってますます強くなっていったのである。芸能人がなぜネットの世界で強いかといえば、彼らは知名度という名の実績を持っているからだ。そして、現実の世界はネットの世界ほどの競争社会ではない。それなりの根性と頭脳があれば、就職はできるし、職場恋愛でも勝者になれたりする。芸能人ですら、大御所から「かつての人」や「一部の人しか知らない人」までであれこれいて、そのうちのかなりの数は食えている（バイトをしなくては食えない人も多いが……）。

だから、一般人がネットでなんとかセルフブランディングをして、実世界で人気者になろう！　カネを稼ごう！　などと頑張るよりも、実生活で先に何らかの実績を残し、その実績をネットで露出したり、宣伝したりする方が明らかに効率が良い。

いかに日本の「格差」が拡大したといっても、現実世界での格差には限度がある。社長の月給が1億円で、社員のほとんどは100円、なんて企業は成立しない。せいぜい数十倍が限度である。それぞれの階層の収入を横に並べるとなだらかな線を描くはずだ。

ところがネットでは「収入ゼロ」と「大金を手にする層」とに二極化される。クリックをする一般人は、時間と手間が取られるだけで何のリターンも得ない。収入はゼロ。手間を考えたらマイナスといってもいい。こんなことは現実世界ではありえない。安い時給であっても、手間と時間を提供して働けば相応のカネが手に入るのだ。その構造を知ったうえで、あくまでも娯楽や暇つぶしとしてクリックを続ける程度の期待値の方が、現実的だ。

第3章　一般人の勝者は1人だけ

「1ジャンルに1人」の法則

前章でネットはあくまでも、リアルの場で実績のある人を強化していくものだ、と書いた。これに対しては「いや、ネット発の有名人、著名人だってたくさんいるじゃないか」と反論する人もいるだろう。さらには「まったくの無名の人が、一夜にして有名人にもなれる。それがネットの素晴らしさだ」と信じている人もいるかもしれない。

確かにネットでは、時々スターがひょんなところから作られていく。それは女性の場合に特に顕著だ。古くは〝IT戦士〟と言われた岡田有花氏、クリスマスまでに彼氏を作ろうと奮闘する様子をブログに綴った「さきっちょ&はあちゅう」、ツイッターを上手に使うことで知られる美女の先駆け「まつゆう」、ユーストリームで何でも「ダダもれ」させることで注目された「そらの」、芸能人ツイッターユーザーの先駆け・広瀬香美、〝ノマド〟の安藤美冬氏などが良い例と言える。突如「時の人」として注目され、テレビや雑誌などでも一斉に取り上げられるのだ。

女性が多いのは4マスもネットも合わせたメディアの宿命ともいえよう。メディアは何かと新しいもの、奇抜な切り口を求める。「ネットを使いこなすオタクの男」では当たり前過ぎるのである。「ネットを使いこなす美人」であれば、「オッ」となる。

ただし何らかの分野で目立とうとしても、その定位置に強力な人がいたらあなたの入り込む場所はない。ネットは寡占化が進む世界なのである。今から「ブログ界の人気者」や「ツイッター界の人気者」になることは難しいだろう。だが、ここから細分化すれば人気者になる可能性はある。先述したことと重なるが、いくつか具体的にどんなジャンルで人気者が存在するか見てみよう（敬称略）。

・ツイッター界の小学生アイドル枠の人気者　はるかぜちゃん
・ツイッター界のしゃぶしゃぶ店枠の人気者　豚組
・ネット界の積極的活動系若手女子の人気者　はあちゅう
・ブログ界のおちゃらけ系社会批評枠の人気者　ちきりん

・ネット界の女性記者　岡田有花
・ブログ界のネットウオッチャー兼事情通枠の人気者　山本一郎
・ツイッター界の人気外国人店主　ネパール料理店「だいすき日本」店主

このように見てみると、様々な切り口で人気者が存在する。だから、切り口さえ斬新であれば、誰でも人気者になる可能性はもちろんある。そうなりたいのであれば、既存の切り口ではないところから見つけるべきであろう。たとえば「コンビニアイス評論家」を名乗るアイスマン福留氏は現在多数の仕事を獲得し、メディア露出も多い。「スイーツ／デザート評論家」は多数いるだろうが、「アイス評論家」をすっ飛ばし、「コンビニ」と庶民派に限定したところが勝因だったのではないか。

重要なのは、**ネットは1つのジャンルにおいては、ごく少数の成功者、いや、注目される人物を作りだすことが可能だ**ということだ。まだ誰も手をつけていないジャンルを見つけて、そこで第一人者となれば、注目される可能性は高くなる。これが先に述べた「きわめて低いがゼロではない」ということだ。ただし、一度注目されるだけで、その後、発表すべき実績がない場合は急激に注目されなくなる。

これの典型例が坂口綾優さんという一般人女性だ。彼女は、SNSとしては最後発の「グーグル＋」において一時期日本で最もフォロワーの多い人物だった。最も多かったその時期は大学生で、写真投稿サイト・インスタグラムである程度の人気を獲得した後、ひたすら空の写真をグーグル＋に投稿していたところ、外国人を中心に多数フォローされ、2011年11月段階で2万9000人を超えたのである。彼女の存在が広く知られるようになったのは、2011年11月21日にnanapiというサイトに掲載された「普通の女子大生がなぜ、Google＋で『日本一』になったのか」という記事だった。

ここで坂口さんの名前はネット上で一気に広まるようになる。彼女のことを後追いで言及するメディアが続出し、ネットに詳しい層は彼女についてツイッター等で語るようになったほか、テレビ番組にも出演した。ただこれには「追い風」もあった。

その頃ちょうど、ネット上では毎度恒例の「次はこれ（サービス名）が来る！」という話題が欠乏していたのだ。フェイスブック以降はFoursquare（位置情報に基づくSNS）、LinkedIn（転職や仕事獲得に使えると評判のSNS）、Pinterest（画像SNS）が「来る！」などと多少は期待されたものの、人々の時間は有限である。日経ビジネスオンラインがいくら「Facebook、Twitter の次にくる、話題のＳＮＳ『Pinterest』を使ってみた」なんて呑気な記事を書こうが、結局「来る」は来なかった。

常識的に考えれば、すべてどころか複数を使いこなすことすらムリなわけで、ネットに対するユートピア論は以前ほどの盛り上がりを見せていなかった。グーグル＋も鳴り物入りでオープンしたものの、それほど盛り上がってはいなかった。そんな中での明いニュースである。久々に登場したネット界のニューヒロイン。しかも期待の新サービスであるグーグル＋自体もかかわっているとあり、彼女への期待が高まっていった。

ＡＫＢは強い

しかし、ここでも「有名人」がすぐにトップの地位を奪ってしまう。無名の一般人がヒロインに、という流れに冷や水を浴びせたのはＡＫＢ48だった。先述の坂口さんの記事が出てからわずか17日後、まだ世間が坂口さんに熱い視線を向けている中、突如としてＡＫＢ48とその関係者、姉妹グループの全員がグーグル＋を開始。会員数を増やしたいグーグル側と、ファンをコミュニティに囲い込みたいＡＫＢ側の思惑が合致したのだろう。開始４日目にして、大島優子と前田敦子が約５万人のフォロワーを獲得。他のメンバーも軒並み多数のフォロワーを獲得し、フォロワー数総合ランキングトップ20のうち、17人がＡＫＢ関係者となった。そして坂口さんは８位に転落したのである。その後もＡＫＢは勢力を伸ばし続け、２０１３年６月末の時点で、総合10位でＡＫＢでは１位の大島優子のフォロワーは約41万人となっている。

ちなみに総合ランキング１位から７位までにはプレイステーションやハローキティ、トヨタ自動車など企業関連の名が並んでいる。１人だけ編集者・カメラマンを名乗る一般人男性がいるのだが、彼をフォローしている人を見ると外国人がかなり多い。もしかしたらフォロワーを買うことができるサービスを使ったのかもしれないが、そのへんはよくわからない。また坂口さんは約６万７０００人で１００位以下に陥落するも、一般人ではまだまだ上位をキープしている。

一度でも日本一の称号を手に入れると実利はかなりあるようだ。書籍を出版できるようになったほか、当初は就職活動のために開始したグーグル＋だったが、彼女の人生は別の方向に開けていく。ＩＴ系イベントでは、とある会社の公式イメージガールにもなった。前出の記事にはこんなくだりもある。

「Ｇｏｏｇｌｅ＋で１位の人ということで、企業の人とか、学生起業家の方など、いろんな人が会ってくれるようになり楽しいです。ソーシャルメディアを使って就職活動をしようとしている企業からも、やり方について相談を受けたり」

ネットのとあるカテゴリーで1位を取ることは自分の人生を変えてくれると言える。ただし、2番目では弱い。これも厳然たる事実である。

人は儲けたいもの

なぜ普通の人までもがＰＶ稼ぎと拡散を求めるのか。

理由は言うまでもない。儲かるからである。或いは人気者になり、自己承認欲求が満たされるからである。

２０１２年9月に発売された『いいね！がもらえるＳＮＳでバズるテク』（ヨシナガ＋坂口綾優著　インプレスジャパン）はまさに、ソーシャルメディア上で人気者になり、自己承認欲求を満たす、そして果てには何かしらのカネに繋げることを狙った人に向けた今どき風の本である。読んでみると、数字の話が多い。

「自分はＫｌｏｕｔスコアで孫正義氏を抜いたことがある」（ヨシナガ氏）

「これまで私のブログのアクセスは通算1億7０００万」（同）

「名言を書いたところ、世界中から1万5145シェアがついた」（同）

「写真投稿サイト・インスタグラムで試行錯誤していくうちに、1枚の写真に3000人、4000人の人からLikeをもらえるようになった」（坂口さん）

とにかく2人がSNS上での評価をとことん追求し、その数字こそが自己の能力や人気度を表すと考えていることが分かる。SNSで「バズる」（話題になる）ためのテクニックが31個紹介されており、人気者気分を味わいたい人にとっては参考になるかもしれない。このような書籍が出版されていることは、ネットで目立ちたいと考える人がいかに多いかの証左であろう。カバーには次のように同書の主旨が書かれている。

「（影響力を高めよう）この本は、『自分の影響力を少しでも高めたい』、『少しでも多くの人に情報を発信したい』というみなさんのために、意図的にバズを起こしたり、アカウントの影響力を高めたりする手法についてまとめています」

だが、こうした姿勢に疑問を抱く人もいる。

「SNS使ってセルフブランディングして有名人になりたいって、これまでの芸を披露して有名人になったり一生懸命働いて経済的にリッチになって有名人になったりっていう過程を全部すっ飛ばして、とにかくお手軽に有名になれる！っていう幻想をSNSが

持たせちゃったからだよね。空の写真とかだけで。」（ツイッターユーザーの@yasuyukima氏、２０１２年９月23日）

確かにこういう側面はあるといえよう。現在のネット上の有名人の中には「ネットを使いこなすのが上手だっただけ」という人もけっこういるのである。或いは「単に早いうちにそのサービスを使っていた」ということも。こうしてメディアから取り上げられ、そのメディアの報道を見聞きした人がその人への注目度を高めると、ますます「いいね！」やＲＴの数は増えていく。だが、ある時ふと気付く。「あの人は一体何をやっている人だったのか……」と。

同書に書かれている内容は多分正しい。ただし、このような数字を連日のように叩きだすことは難しいし、多くの人は一度もこんな経験をしないまま死んでいく。ヨシナガさんも坂口さんもブログを頻繁に更新したり、写真を多数公開したりするなど、地道な努力をやり続けたからこその結果である。

中毒者がお得意様

これまでどれだけ多くの人気ブロガーや、「ツイッター集客方法コンサルタント」みたいな方々がPVの多さや、ツイッターフォロワー数の多さを誇ってきたことか。

びっしりとサイトに貼られたバナー広告は「インプレッション」（表示された回数）によってお金が支払われる。つまり、より人気のあるサイトであれば、契約されたインプレッションをすぐに達成し、次の広告を入れられるのである。アフィリエイトや検索連動型広告にしても、クリックする人の割合は小さいものの、PVが多ければ多いほどクリック数は多くなる。さらには誤ってクリックする人数も増える。アフィリエイトで稼ごうとする人は、とにかくクリックさえしてもらい、さらには通販サイトで買ってもらえさえすれば何でもいい。だから、ひたすらAKB48のような人気者のことや、話題のニュースにまつわるどうでもいいコピペをし続けるブログを量産し続けるのである。

2ちゃんねるのまとめサイトなどで、やたらとセクシーなフィギュアやマンガのアフィリエイトが貼られているが、それらはクリック率が良いからである。

私も自分のかかわるニュースサイトではアフィリエイトをやっているが、最も売れるものは「TENGA」である。これは、まぁ、なんというか、男性が自慰行為をするいわゆる「オナニーホール」というものだ。性的なものは、あまり実店舗で買いたくないため、通販を利用するわけだ。そんな中、私たちのサイトには多くの人が訪れ、その中の一定割合の男性はＴＥＮＧＡのアフィリエイトを見て購入意欲がそそられたのだろう。とにかく他の商品と比べ、売れ方が違う。また、グラビア系の写真集もよく売れる。

いや、他人を儲けさせるためにクリックなんかするな、と言っているわけではない。無為にクリックをしまくったり、「いいね！」を押しまくったりしてもあまり自分にリターンはないと思った方が良い、と言っているだけである。

「私は自分が好きな人のブログやツイッターを見て、いいと思った時に〝いいね！〟とクリックしているだけ。それの何が悪いの？　誰にも迷惑かけてないでしょう」

そういう方もいるだろう。もちろん誰にも迷惑なんかかけていない。その行動を批判するつもりもない。

そのブログやツイッターに費やす時間とクリックする手間はすべて、ごく一部の人の利益に直結しているのだ、という事実を指摘しているのに過ぎない。それで結構と思うのならば、止めるつもりはまったくない。

しかし本当にそのブログやツイッターを見ることは、あなたの時間の使い方として有意義なものなのかどうかは考えてみても損はないだろう。ネットに詳しい、ツイッターを使いこなしているということそのものが価値を持った時代であれば、何にせよネットとの接触時間が長いことにも今よりは意味があったのかもしれない。「ネットを使いこなすのが上手な人」の中には、その先行者利得を手にした人もいる。

ところが子供でもバカでもツイッターやフェイスブックをやる時代において、そうしたことには大した価値はない。この先、その傾向は強くなる一方であるのも間違いない。繰り返すが、ネットを見るなと言っているわけではない。そんな人ばかりになれば、私の商売にも差障りがある。数年前まではまだあったであろうネットへの過大な幻想はもはや捨てなければならない。そのことを言っているのである。

具体的に言えば、ヒマで、特にやることもなければいくらでもやって良いが、忙しかったり勤務中だったり、大事な人と一緒にいるというのに、スマホなどを使ってネットばかり見たりするのはどうかと思うわけだ。

最近会議に出ると多くの人がPCを持って会議に出ている。内部に入ったデータを見たり、ネットを使ってその場で正確なデータを取ろうとしたりしているのだろうが、時にフェイスブックやツイッターを見ている人を見てしまうとげんなりする。私自身は会議にPCは持ち込まない。なぜなら会議とは、話し合いをし、問題点を抽出して解決策を提示する場であり、PCはいらないからである。

いずれにしてもネットは中毒性が高い。テレビだって中毒性が高い、という声もあるが、どこの誰が電車の中だろうが便所の中だろうが仕事中だろうがベッドの中だろうが、時と場所に関係なくテレビを見ているか？　そういった意味でテレビよりもネットの方が中毒性は高い。

各種ウェブサイトの運営が広告で成り立っているだけに、中毒の方々はサイト運営者にとっては実に重要な「お客様」だ。それでいてその人が他者と差別化できる情報を受け取れているかといえば、そんなこともない。誰かが「おもしろいよ」と貼ったリンクを辿っては、何千人もの人が「いいね！」を押しているネタに対して「いいね！」を押す。ヤフー・トピックスを見ては、他者と同じニュースを知る。そして、そのコメント欄を見ては、右傾化した意見や皮肉を見る。「同志」の存在は心地よい。そしてますます「中毒者」の中毒は深刻化する。

その結果、ネットでは自分の周囲に自分と似た意見を集めてはそれを常識だと吹聴する傾向が強まり続けている。

第4章　バカ、エロ、バッシングがウケる

寡占状態のメリット

本章では私自身のことを語ってみたい。私は明らかにこの7年間で人生が変わった。それもネットのお陰に他ならない。

ネットニュースの編集は2006年から続けているが、ネットニュースというジャンル自体の注目度が上がるにつれ、自分への注目度も年収も激増したことが最大の変化である。もちろん、『ウェブはバカと暇人のもの』がそれなりに売れたことが今の状況に繋がっているのは間違いないのだが、自分の例から「寡占化」の話をしよう。序章で書いた、人間界における2つの定理のことだ。

「**勝ち組は少数派**」「**勝者が総取り**」である。

ネット上で話題になれる枠は1つしかないと前章で述べた。個人にせよ企業にせよ、

ネット運営に携わる人々は1つしかない枠を巡り、クリックをしてもらったり、人の口の端にのぼったりするための勝負をしているのである。そして、その1枠を獲得すべく、新たなジャンルを必死になって開拓しているのだ。

私の場合は「ネットニュース編集者」というジャンルだった。今グーグルで「ネットニュース編集者」と検索してみると６５７０万件がヒットした。最初の２ページに登場する20のサイトのうち、19が私に関連したものである。元々肩書きは何でも良かったのだが、「編集者」だけだと、雑誌編集者だと思われそうだし、「ネット編集者」であれば、企業のウェブサイトを作っている人に思われるかもしれない。だったら端的に「ネットニュース編集者でいいか」と適当につけたところ、いつの間にかそれが１つのジャンルとなっていて、その検索上位を私が占めていた。

寡占状態を作れると何が良いか。まずは仕事が来る、ということである。私が属するネットニュース編集者枠の場合は、同じ仕事をしていても会社員という人が多い。だから新聞やテレビ、雑誌がネットニュースの未来やら、ネットニュースの拡散力などについて取材するにあたっては、まず所属先である企業の広報を通す必要が出てくる。だが、広報に連絡をすると何かと面倒だ。きちんとした企画書の提示を求められたり、適切な担当者が休みだったりするなど、とかく手順が多くて時間がかかる。発言にしても、企業の体面を考慮しなくてはいけないから、過激な本音は言えない。だからこそフリーランスの私に多数の取材依頼が来るのである。私は何を発言しても上司から怒られるわけでもないためズケズケ話せる。そうした積み重ねの結果、前出の通り、グーグル検索で私が多数ヒットするようになったわけだ。まぁ、おおっぴらにこの肩書きを名乗っている人があまりいないというのはあるが、「ネットニュースの編集者」は事実として、多数存在するわけなので一ジャンルと言って良いだろう。

バナー広告は「嫌われ者」だが

私がネットニュースの編集を開始した当初は、ネットニュースの存在は「なんのこっちゃ」的なものでしかなかった。新聞もテレビもあるのに、なんでネットでニュースを見るのさ？　といった評価だったといえよう。

だが、その後ヤフーのトップページに存在する「ヤフー・トピックス」の影響力が絶大になるにつれ、そこに登場するネットニュースの存在感が世間で増すようになる。新聞社・通信社・テレビ局は自社の媒体でのみ流していた記事やニュースをネットニュース用に展開し、ネットオンリーのニュースサイト（J-CASTニュース、ITmedia News、ロケットニュース24、ガジェット通信等）が続々と登場するようになった。2008年からは、私の仕事には6つのニュースサイト（ないしは出版社のネット版）の編集作業が加わった。

私はこの段階で7つの媒体に携わっており、ネットニュースを編集するフリーランスの人間として、業界では密かに存在が知られるようになっていた。そして2008年から2009年にかけて「ネットニュースはこれから来るぞ……」という静かな期待が生まれ始めていた。

人が多く集まる場所は広告媒体としての価値を持つようになる。元々テレビ、新聞、雑誌、ラジオの「4マス」、それ以外に屋外広告や電車の車内広告、折り込みチラシ、DMなどがあり、そしてインターネット広告が登場する。だが2000年代序盤くらいまでは広告業界でも「4マスとネット」といった言い方がされ、ネット広告はあくまでも「おまけ」のような扱いだった。だが今はもう違う。電通が2013年2月に発表した2012年の日本の広告費の媒体別金額と前年との比較は次のようになっている。

テレビ　　　　1兆7757億円（前年比103・0%）
新聞　　　　　6242億円（同104・2%）
雑誌　　　　　2551億円（同100・4%）
ラジオ　　　　1246億円（同99・9%）
インターネット　8680億円（同107・7%）

インターネット広告はすでに新聞広告を抜き去り、テレビに次ぐ2位の規模にまで成長した。もう立派な広告媒体といって差し支えないだろう。

元々ネットと広告は相性が悪い。というのも、そもそもネットユーザーは広告を見たいとは考えていないからだ。だが、無料でコンテンツを見られているのも広告があってのお陰なので、そこを理解しつつ広告を見たりクリックしたりしている。LINEやNAVERといったサービスを提供するLINE株式会社の執行役員・田端信太郎氏によると、バナー広告のクリック率は0・1〜1%程度だという。

ネット上の編集タイアップにしても、PVがある程度なくては成立しない。記事が見られてもいないのに、広告主はカネが払えるわけがないからだ。

そういった意味で、明確に数字が明らかになってしまうネットメディアは、曖昧さが許されず、広告媒体としては厳しく結果が求められる。だからこそネットメディアの運営者は血眼になってPV稼ぎに走るのだ。これこそが儲けの源泉であり、カネをいただく根拠になるからである。

ただし2009年になるとネットでニュースを読むことは当たり前となり、もはや立派な「マス」として成立するようになっていた。となれば、ネット業界がかかわるサイトでも、バナー広告や編集タイアップに、よりカネのにおいがプンプンするようになっていた。

「NEWSポストセブン」の立ち上げ

2010年、1つの講演をきっかけに小学館との付き合いが生まれた。小学館はネット戦略を今後どうするかを検討している段階で、私は「小学館が持つ雑誌の一部をネットに出すニュースサイトを作ってはいかがか？」と提案したのだ。

様々なネットに関する識者と会い、今後の道を探っていた同社だが、ニュースサイト案が同社にとってはもっとも現実的だと思われたようで、これをベースに社内スタッフが骨格を作り、その事業企画が社内で認められ、「NEWSポストセブン」は誕生した。

このサイトは、同社の「週刊ポスト」「女性セブン」「SAPIO」「マネーポスト」の4誌の中からネットでウケそうな記事をネットで読むのに適切な文章量に再編集し、ネット独自の見出しをつけてネットニュース化したものである。これを各種ポータルサイトへ配信し、彼らからのバックリンクにより膨大なPVを稼ごうとしたのである。サイトの狙いは当初は「ネットで何か手を打たなくてはいけない」というものだったが、私の提案は「すでに存在する校閲済みのデータを二次利用することによるコストと手間が削減できる。一定のレベルに達している記事のため、ネットでもウケるよう『ネット文脈』に合わせて加工すればPVはそれなりに取れるだろう」というものだった。これにより、広告収入や編集タイアップも獲得できると考えたのだ。

ネットニュースの世界では「1PV＝0・1円」に換算されるというセオリーがある。

また、出典が雑誌であることを明記することで、少しでも販売に貢献すれば……、との思いもあった。今では光文社、集英社、文藝春秋、朝日新聞出版、角川書店等もニュースサイト化をしているが、当時はまだこのような動きはあまり見られなかった。出版業界はネットをブランディングのため、ないしは販促用ツールと考えていた節がある。

それまで複数のネットニュース編集に携わり、「ネットでウケるネタ」の法則などを書籍で発表していた私だが、あくまでもこれは自分が慣れ親しんだフィールドでの話でしかない。果たして別の場所——雑誌発のネットニュースでこの法則が通用するのかは分からなかった。だが、小学館が「一緒にやりましょう」と言ってくれたからにはなんとか成功させなくてはならない。

同社は、編集者（雑誌と兼務）を揃え、広告担当者・システム担当者も用意し、役員の了承も得て着々とニュースサイト作りに向けた準備を進めていた。後のＮＥＷＳポストセブンのプロデューサーとなる粂田昌志氏らと急ピッチでサイトのコンセプト作成やユーザー・インターフェイス（ＵＩ）をどうするかなどの会議を重ね、無事に２０１０年9月30日にＮＥＷＳポストセブンは誕生した。前出の講演が2月28日で、粂田氏と初めて会ったのが3月下旬、5月に役員の了承が出て、6月頃から準備開始。約４ヶ月で作った計算になる。

そこから先、実作業に入っていくのだが、私の仕事はネットでウケそうな記事をネットニュースに慣れた、付き合いの長いライターと一緒に選び、その中からネットで読みやすい４００～８００文字ほどを抜き出し、ネット独自のタイトルをつけることである。

当然雑誌編集部からは反発はあったものの、「取材した記者・カメラマンへのリスペクトを忘れない」「過度な切り出しはしない」といった点を守ることを理解してもらい、社内調整を綿密に行った上で、プロジェクトは進行した。

週刊誌記事を50万PV取る記事に

そして開始直後、NEWSポストセブンでは次の見出しの記事がアクセスランキング1位を獲得した（なお、以下で紹介するネットニュースの元記事のタイトル等についても〔 〕内に併記することにしておく。比較すると、より「ネットでウケる」傾向がわかりやすいと思う）。

■パプアニューギニアのザンビア族少年は年長者の精液を飲む〔「セックスへの情熱に国境なし！」という記事中の「パプアニューギニアの少年は成人男性の精液を飲む？」〕

内容については、この見出し通りなので割愛するが、基本的にネットで多数のアクセスを稼ぐネタは「芸能、スポーツ、エロ、制度改正など自分の生活に直結するもの」「路上喫煙や生活保護費の不正受給などモラルを問うもの」といったいわゆる「B級ネタ」「人の感情を揺らすネタ」だという考えを私は持っていた。だが、このセオリーがまったく新しい媒体で通用するのか……ということについてはかなり不安も抱いていた。何せ、これまで「新ガジェット紹介」「ファストフードネタ」「芸能人ネタ」ばかりを出してきただけに、「政治」や「経済」「トリビア」「国際情報」といったものがネットユーザーに刺さるのかが分からなかったのである。漠然と「この4誌だったらウケるだろう」とは思っていたものの、新しいことは常に不安がつきまとうものである。

さて、小学館の広告担当者は「こんな記事がランキング1位のサイトって思われたら品位が疑われる……」と焦ってはいたものの、人のクリックは正直なものである。アクセスランキングには人々の思いが込められている。この記事は多分PVは多く取るだろうな、ということは予想していたので、その予想が当たったといえよう。

ここで私は「媒体が変わろうが変わるまいが、人々の嗜好は変わらない。みんな正直だ」という安堵感を得るに至る。そこからはバシバシとヤフー・トピックスや2ちゃんねるで話題となる記事を多数出すようになっていった。

もちろん、これは小学館の4誌が綿密な取材と校閲の結果出したクオリティの高い記事をベースにしているからだが、これをネット特有のウケる文脈――「ネット文脈」に変換したことも重要なのだろう。サイトが立ち上がった初日から私たちの記事は続々と2ちゃんねるに取り上げられ、そこから多数のアクセスが戻ってきた。

2ちゃんねるには「ソース」と言い、ネタ元のリンクを明示することがマナーとして存在する。そのスレッド（1つのテーマで書きこめる場所）を読んだ人の何パーセントかがそのリンクをクリックし、ネタ元のサイトのPVが増えるのである。1000人が読んだとすれば、50人ほどは来ると思われる。

それが2ちゃんねるの「まとめサイト」で編集されて読みやすくされ、またリンクを貼ってもらえて……という繰り返しが発生し、アクセス数を稼ぐようになる。またヤフーをはじめとするポータルサイトへの配信を行うようになってからは、記事の下に貼りつけた「関連記事」のリンクがクリックされることによってもPVを稼ぐ。

ヤフー・トピックスに記事が紹介された場合は、1時間で50万のPVが戻ってくることなどザラである。それだけPVを稼ぐには、より多くの場所にリンクを貼ってもらえるかどうかが勝負である。さらに、ツイッターやフェイスブックといったソーシャルメディア経由でもPVを稼ぐことが可能だ。これは、かなり重要なことなので後ほど説明しよう。

こうしてNEWSポストセブンは開始から約1年で月間8500万PVを稼ぎ、その後も高水準でPVを保っている。

後楽園ホールは満員にできなくても

これ以降、私に対する世間の評価も上がっていく。「何やらPVを取るコツを知っている」「ネットニュースの見出しをつけるのが上手」「コンテンツを炎上させぬ方法を知っている」というネットニュース編集者としての仕事が来るだけでなく、副産物的な「ネット事件簿に詳しい」「炎上事例に詳しい」「ネット用語に詳しい」「ネット上のコミュニケーションに詳しい」が故の仕事ももらえるようになった。具体的には原稿執筆や新聞・雑誌の連載コラム、メディアからのコメント取材、イベントスペースでのトークライブ、マーケティングや広報、編集講座の講師業、果てにはテレビやラジオ出演の仕事も舞い込む。

この状態になれば「仕事スパイラル」が発生するようになる。企画や講座をやろうと思えば、企画者は頻繁に露出する人間に対して仕事を発注するものだ。こうなればとりあえず仕事の面では安泰である。あとは既得権益を持った老害のように、いかにしてこの座を維持するか、ということを考えることになる。私自身は安い家に住んでいるし、車もいらないし家族もいないしカネがあまりかからぬ生活をしているのでこれ以上稼がなくても良いが、世間からのニーズがなくなるまでは仕事を続けようと思っている。

こうなるにあたり、ブログとツイッターは大いに貢献してくれた。ブログはまず、意見表明の場として便利である。私を不当に実名で攻撃する人間が現れたら、すぐさまその人間を名指しして叩くエントリーをブログに書く。これをツイッターで拡散するのだ。「おい、バカが出たからそいつを晒(さら)しておいたぞ」などと書けば、その人間の評判を下げることができる。最終的にはその人間が謝罪をしたり、私を無駄に攻撃したブログのエントリーを削除したりすることになる。

ツイッターは、私のように実名を出して多少はメディア等で活動している人間にとっては実に使い勝手の良いツールである。フォロワー数2万ほどの私は、何かイベントをするとしても、後楽園ホールを満席にすることはできない。著名な芸能人であれば、もちろんそれ以上の会場を満席にすることだって可能だろう。だが、私も30〜50人ぐらいのイベントであれば、内容によりけりだがツイッターの告知一発で満席にできるのである。他の出演者と合わせて告知をすれば150人に来てもらうこともできる。

自分が書いた記事の告知にも、ツイッターは向いている。私にカネを払って仕事を発注したサイト側としても、その記事が高いPVを稼ぎ、さらにはソーシャルメディア上で拡散してもらいたいと間違いなく思っている。その思いに少しでも貢献すべく、ツイッターで「記事書きました」と宣伝することによって、多数のアクセス、そして引用拡散をしてもらえる。

こうして利用させてもらっているわけなので、私は極力何か役立つ情報を普段は出そうと考えている。そういったツイートを5・5割、どうでもいいものを3割、イベントや執筆記事の宣伝を1・5割にする配分を心がけ、宣伝ツイートをすることを正当化している。

最近、本を書いた人がツイッターで告知をするだけにとどまらず、書店で本が並べられている様子まで撮影してアップしていることが珍しくない。感想を書いている人がいたら、それをRTして紹介、ブログ等で書評を書いている人がいたらそのURLを紹介し、読者からの質問にもキチンと答えている。これまで、出版社による新聞広告や書店でのPOPに宣伝活動を頼っていた著者が、自らPRを開始できるようになったのはソーシャルメディアのお陰だろう。こうして、その本が話題になっているとの空気を作ることができ、ますます本が売れるのである。

ネットで飯を食うための24時間

このように述べると簡単そうだが、私がこの「1ジャンル」の肩書きでメシを食うためにネット漬けになってきた時間はかなり多い。定時などない。土日ももちろんない。週に7日、朝起きてから夜に酒を飲みに行くまで、打ち合わせのため移動する時以外は、ほぼパソコンの前に座っている。

休みは海外旅行の出発日である12月28日と帰国日である1月4日のみ。海外でも仕事をしている。編集・寄稿しているネットメディアは10。関与する記事は月に1000本ほどだろう。ネタ収集のため、1日に見ているページ数はよく分からない。気付くと150ほどのページが同時に開いていたりする。とんでもない日の場合は、以下のようなスケジュールとなる。とある木曜日の場合だ。①レギュラーのニュース原稿を朝7時から5本執筆・編集。②会議が午前中に3連発。③前日あがってきた原稿を85本編集し、記事を出す日程をエクセルに入力する。④メルマガの原稿を書く。⑤雑誌連載の原稿を書く。その間新聞社から「ネット選挙解禁」についてのコメント取材を受ける。⑥19時から行われる講演のパワーポイント資料を作る。開始15分前に事務所を出て、タクシーの中でギリギリまで資料作り。⑦終了後は受講生と飲み会。⑧深夜に戻ってから翌日の打ち合わせに向けた資料作成。⑨しかし、翌日も7時くらいから入稿作業をしなくてはならない。——といった具合だ。私自身、毎日酒を飲むことを心がけているのだが、忙しい日はこんな感じになってしまう。

「病は気から」を最近実感しているのだが、不思議なことにこの仕事を始めてからの7年間、1回も病気をしていないのだ。ちょっとした風邪はひくのだが、大病はまったくない。さらに、親はこの「IT小作農」状態を知っているだけに、ヘンな配慮をしてくれている。なんと、祖父が死んでも教えてくれないのだ！　いきなり空港から電話をしてきて「今羽田空港ばい。お祖父ちゃん死んだから今から九州ば行ってくるばい。あんたは仕事を頑張りんしゃい。気にせんでよかと」なんてことをされたのである。葬式ぐらい行きたかったが、現実的にその日、福岡へ行くことはムリだった。多分、祖母が死ぬ時も同様の妙な配慮をされることだろう。

「1ジャンル」を取った後も、そんな24時間、そして1年間を過ごし続けることが、ネットで飯を食うということなのだ。

私は極端な例にしても、ネットユーザーと仲良くしたい、情報を拡散したいと考えるのであれば、まずは徹底的にネットを見続けなくてはならない。その程度の勉強は必要である。

ウケる見出し作り——①ネットの「伝統ネタ」を使え

ここからは実際に、ネットを見続けてきた私が「なぜこの記事を雑誌から選び」「こんな見出しを付けたか」を「NEWSポストセブン」を例に解説してみたい。これが「ウケるニュース」と理解していただいても良いし、情報を発信したり、企画をする際の参考になれば幸いだ。

■DAIGOと加護亜依（155センチ）の合コン現場にhydeが乱入（「とんでも鉢合わせ現場　DAIGO　加護ちゃん合コンにhyde乱入」）

この見出しのポイントは（155センチ）という一言である。DAIGO、加護、hyde（ロックバンド・ラルクアンシエルのボーカル）の3人が合コンしたというのはこれだけで興味をひくことは間違いない。既にキャスト勝ちではあるものの、2ちゃんねるで盛り上げるためには、もうひとつ「ネットの伝統的に盛り上がるネタ」を入れる必要がある。

ＤＡＩＧＯでイメージできるものは「竹下登元首相の孫」以外にはそれほどなく、加護であれば「不幸そう」や「喫煙」といった言葉が思い出されるが、それでは単なる叩きになるだけだし、そもそも「ネットの伝統的に盛り上がるネタ」には含まれない。とすれば、この記事で核となるのはｈｙｄｅである。実は彼に関しては「身長論争」というものがある。１５６センチ説もあれば１５８センチ説もあるなど、ネットユーザーは彼の身長で盛り上がるのだ。だとしたら、明らかに彼より身長が小さい加護の身長を（）内に入れて見せることで、誠に勝手な話だが、「身長を巡り合コンでどんな会話がされたか」などの勝手に盛り上がれる論点を提供できると考えたのだ。

我々のようなサイトの運営者は、ユーザーを楽しませ、そして誰かにそれを伝えたくなるようなコンテンツを作り続けるのが使命である。この記事は当然のように「なんで身長書くんだよｗ」、「ｈｙｄｅさんをｄｉｓってるのかよｗ」（※ｄｉｓる＝悪口を言う）といった愛情ある反応を呼び、大拡散された。

■仙谷氏「こんにゃくゼリーの形と硬さ」を政治主導で決定へ〔「これが軍事力なき『平和ボケ国家』の現実だ　アメリカに見捨てられた仙谷・前原のポチ外交」〕

これは、民主党政権が発足してから約1年が経った2010年10月の記事。当初民主党は「官僚主導から政治主導へ」を掲げて政権を取ったものの、公約を実現できず結局は官僚主導のままだった。「週刊ポスト」はいかに民主党の政治主導が弱いかを指摘する特集を作る。その中から同誌が皮肉って「仙谷由人官房長官はこんにゃくゼリーの形と硬さだけは見事に決められた」と書いたのにピンときたのだ。この部分は特集全体の中でたいしたボリュームではない。だが、私はこんにゃくゼリーがネットでウケることを前から知っていた。それは、日本人の「判官びいき」な特質にある。

こんにゃくゼリーを食べて窒息死する赤ちゃんや高齢者が時折ニュースになる。慌てて飲み込んだり、凍らせて食べさせたことなどが原因になるわけだが、メーカーは以前から大きさを小さくしたり、形を変えたり、パッケージに「危険」を知らせるマークを大きくつけたりするなど、再発防止の対策は打ってきている。表示切り替えのために一時、自主的に製造販売を止めることもあった。

こうした動きに対して、以前からネットでは「なぜ餅（同じく窒息者が出る）は規制されないんだ！」「車の方がよっぽど死者を出しているだろう！」となり、さらには「自己責任だ！」という声が上がっていた。

そうした判官びいきの声が最高潮に達したのが、２００８年、野田聖子消費者行政担当相（当時）が、群馬のメーカーに自主回収の検討を要請した時のことだった。メーカーには同情の声が多数寄せられ、さらには同商品が撤去された後のスーパーの棚には、野田氏の地元・岐阜のメーカーのこんにゃくゼリーが大量に入荷したと指摘する声がネットで出て、一気に野田氏叩きが過熱、こんにゃくゼリーはますます「かわいそうな存在」としてネットで盛り上がる話題となっていた。

この見出しはこうした前段を利用したわけである。

ウケる見出し作り――②「笑いたい」「叩きたい」ネタを提供

■大宙（てん）希星（きらら）　キラキラネームに先生頭悩ます〈特集「『ポスト式』漢字パズル」内コラム「『キラキラネーム』の最前線」〉

キラキラネームとは元々はネットでは「ＤＱＮ（ドキュン＝バカ）ネーム」と呼ばれ

ており、簡単に言うと「今どきすぎて非常識な」というネット用語だ。さすがにメディアが「DQNネーム」などと言うのもはばかられるため「キラキラネーム」と呼ぶことになっている。

大宙（てん）や希星（きらら）といった、フリガナがないと読めないような名前を持つ子どもが増えて学校の先生が困っている、という実態をレポートした記事なのだが、毎度この話題は盛り上がる。盛り上がるポイントは「単純にヘンな名前を笑いたい」というのが1つ。他には「子どもの将来が可哀想」「バカ親を笑いたい」「周囲を困惑させているのを叩きたい」「実際の顔と名前の乖離を笑いたい」など、基本的にはネガティブな反応になるのだが、これが実にPVを稼ぐ。記事で紹介する名前が奇抜であればある程、議論は盛り上がりを見せ、ネットで大拡散する。

こうしたキラキラネームを多数紹介している「DQNネーム（子供の名前＠あー勘違い・子供がカワイソ）」というサイトでは、多数のDQNネームが紹介されており、投票によりランキングが作られている。ランキング上位に並ぶのは「嗣音羽」「戦争」「交愛」「花風麗衣」「神通嗣」「槙空樹」「真汰恋」「朔蘭鵬」「夏新咲」……。

このサイトには続々と新たなDQNネームが書き込まれ続けている。いわば毎度盛り上がる「鉄板」ネタなのである。

■男性器　日本人は米国人より0・1cm、韓国人より3・4cm長い〔「余った皮は切るべきか、切らざるべきか　男の7割が悩んでいる『仮性包茎』問題」〕

ネットで嫌韓の流れが加速したのは2002年以降である。FIFAワールドカップ日韓大会は当初、日本の単独開催になると思われていたが、韓国が開催地選考レースに割って入ってきて一歩も譲らぬ姿勢を見せ、結果的に共同開催となった。主義主張もゴリ押しも激しい韓国人の特徴を見せつけられた人々が、嫌悪感を抱くようになる。

また大会が始まると、決勝トーナメント1回戦で日本が負けたことを喜ぶ韓国人のサポーターの姿を見て不快に思った人が続出した。ネット上では決勝トーナメント1回戦の韓国対イタリア、準々決勝の韓国対スペインでいずれも韓国寄りの八百長があったとする騒ぎが起きていた。

翌年からペ・ヨンジュン出演の『冬のソナタ』放映が始まり、韓流ブームが起きていく。その反発として『マンガ嫌韓流』（山野車輪著　晋遊舎刊）も登場し、決定的に韓国嫌いの風潮が生まれていった。

そして多くのネットユーザーは韓国人が日本人に劣る事実を見つけては騒ぐことを繰り返すようになる。その中の有名なネタの1つが「韓国人男性の性器の長さは9cm」というものだった。現在も、グーグル検索で「9cm」と入れてみると上位はこの話題だけである。2ちゃんねるで韓国を叩く論調になったら必ず「9cm民族のくせに」と書く人が登場する。この記事は、スペインの医療機器メーカーが発表した世界17ヶ国の男性器の長さについてのデータが元になっている。1位はフランスの16・0cm。日本は13・0cmで10位。韓国は9・6cmで最下位だった。普通に考えれば見出しは「男性器の長さ 世界最長はフランスの16cmで日本は10位で13cm」とするところだが、敢えて「韓国」の言葉を入れたのだ。

男性器の話題をする時は、韓国のことに言及した方がPVも高いし、議論は盛り上がる。さらに「9cm」の定説があるだけに「0・6cmも見栄張りやがって」の声が出ると思ったら案の定、出た。この記事は2ちゃんねるで人気となり、人気まとめサイト「痛いニュース」にも登場した。

ウケる見出し作り――③「それってどういうこと!?」を埋め込め

■加藤茶の23才妻の父（37）「戸惑ったが会うと本当にいい人」（「加藤茶　23才妻の父（37）激白『お嬢さんをください』面談実況中継」）

２０１１年８月、タレントの加藤茶（当時68）が45歳年下の綾菜さん（同23）と結婚していたことが明らかになった。その後、記者が綾菜さんの父親のコメントを取りに行った時の記事がベースになっている。

父親は加藤に初めて会った時、あまりの年の違いに戸惑ったと話したのだが、この記事を編集している際、私がもっとも気になったのが父親が37歳だったということだ。綾菜さんと14歳しか年の差がないのである。

誌面のタイトルにも「37」の文字はあったが、とても小さい。そして記事中では（37）とサラリと書いてあるだけで、それについての詳しい言及はない。だが、もし、これを見出しで大きく書いたらどうなるかと考えた。文中の（37）では見過ごされる可能性もあると考え、いや、そもそも見出しで「えっ？　これってどういうこと？」と思わせればクリックしてもらえると考え、見出しにも（37）を入れたのだ。結果は大成功。多くの人が「ワケがわからん」「どういうこと？」と狙い通りの反応をしてくれた。

実は、綾菜さんの母は若い男性と再婚しているのである。母親の年齢は2011年時点で44歳のため、年の差は7歳。それほど意外な年の差でもない。

ネットの世論やとある情報に対する反応を予測することがPV稼ぎや拡散に役立つという話をしたが、その予測能力が鍛えられるサイトを紹介しよう。「2NN」というサイトである。このサイトは、2ちゃんねるのニュース系のスレッドで書き込まれるスピードの速いスレッドを紹介するサイト。つまり、今、人々が最もアツく語りたい話題を一覧で見られるのだ。

2ちゃんねるのニュース系のスレッドを立てられる人物は「記者」と呼ばれる選ばれし者だけである。運営側で審査をした上で、「この人は信用できるネタを持ってくる」「この人がつけるスレッドのタイトルはまともである」と認められて晴れて権利が与えられる。そんな人々が選んだ話題・タイトルで果たしてどのような議論が展開されているかを一瞬にして考えるのはネットの世論や空気を読むための格好のトレーニングになる。

多くのニュースサイト編集者・ライターは2NNを見れば、その流れを容易に想像できることだろう。一般企業の人も個人ブロガーやツイッターユーザーもこのトレーニングをすることにより、ネットでウケるもの、拡散されるものを見極める能力を身につけることが可能である。

次章では、私自身のネット漬けの仕事から見えてきた法則にもうすこし踏み込んでまとめてみたい。

ヤフトピ祭りの2パターン

アクセスと拡散を得るのにもっとも有効なのが、記事がヤフー・トピックスに登場することだ。ひとたび出れば同サイト内でのPVは数百万を下らない。記事下に貼られる「関連記事」もクリックされ、リンクされたサイトは1時間で50万ほどのアクセスを稼ぐこともある。私の経験上、多い日はヤフー・トピックス経由で500万以上のアクセスが来る。これを私たちは「ヤフトピ祭り」と呼んでいる。

もちろんヤフー・トピックスではNEWSポストセブンのようなネットサイトのニュース、メディアが配信した記事が取り上げられることが多いが、ネットに情報を上げている個人や企業も例外ではない。ヤフー・トピックスに登場するには2つのパターンがある。

①記事としてヤフーへ配信しているメディアに取り上げられること
②ヤフー・トピックスに上がった記事と関連したコンテンツを持っており、「関連リンク」として貼られること

①についてはとにかく広報活動を頑張ってメディアに取り上げてもらうしか方法はないが、②については自社（または自分自身）の専門分野に関するネタをきっちりとネット上にアップしておく必要がある。なぜなら、ヤフー・トピックスの編集者は「最も優れた関連情報を読者に提供したい」と考えているからだ。

私が以前、なるほどと思ったのは、たまたまヤフーで打ち合わせをしていた時のことである。ヤフー・トピックスの責任者である奥村倫弘氏と同社の広報担当者と一緒にいたところ、岐阜県のとある市で強盗か何かの事件が発生、犯人が逃走中というニュースがヤフー・トピックスに登場した。その時に「関連リンク」として記事下に貼られたのはただ１つ。その市の警察署のＨＰだったのである。そして、説明書きには「（電話番号も）」と書かれていた。

普段はギッシリと関連した情報が並んでいるスペースであるため、奥村氏に「このリンクしかないのはどういうことですか?」と聞いたところ、「今、逃走中なので、一番必要な情報は最寄りの警察署の連絡先だと担当者が判断したのだと思います」と答えた。近隣住民が不安に思うから、過去の強盗ニュースなどをいちいち調べてそれへのリンクを貼るよりも、早く逃走犯を確保することが最優先と判断したということだろう。彼らの運営方針には、ここまで触れてきたような芸能人ブログや企業サイト、ネットニュースサイトとは異なる哲学があると言える。

それではどのようなニュースがヤフー・トピックスに出やすいのか。国の政策や紛争、スポーツ、エンタメ関連は普通に重要度に応じて出ている。だが、例えば企業のネット担当者が知りたいのは「どんな企業ネタが取り上げられるのか」というところだろう。これには、以下のような法則があると考えられる。

①専門家の存在——「空き巣件数が増加し、さらに手口が巧妙化」といった話題に、防災アドバイザーや鍵のメーカーの人がコメントを出している。また、「八重歯の女性タレントが人気」といった最近の「傾向記事」にアイドル評論家のコメントがあったり

する。

②論争の決着――「一生涯で見た場合、持家が得か、賃貸住宅が得か」というなかなか決着のつかない論争に対し、ファイナンシャルプランナー等が根拠を挙げてどちらが得かを論じる。両方の論者が登場する場合もある。いずれにしても、人々が気になって仕方がないことに、一定の結論を出すもの。ただし「賃貸住宅の方が得」のように、一方の意見だけが掲載された記事だった場合は、編集部により「持ち家の方が得と考える人の意見」などの注とそのサイトへのリンクが貼られ、中立性が保たれる。

③新しい携帯・ネット関連サービス――LTEや、iPhoneの新作など話題性のある商品について。また「メールで年賀状送信できるサービス」のように意外性があり、新規性の高いものも取り上げられやすい。

④時事性に合ったノウハウ・商品紹介等――たとえば、就職活動のシーズンになった時にマナー講師が学生に対しNG事項や注意点を解説したインタビューなど。また、忘年会シーズンにはお決まりのように「ウコンドリンク」のニーズが高まるが、メーカー別に味の違いや価格・成分などを比較するような記事も良い。

⑤変化を起こした結果うまくいったビジネス例で、因果関係が明確に分析されたもの

――「○○を改良した結果、5倍売れた」「○○に売り場を移した結果、前年比1・2倍の売り上げ」など、理由+結果が明示されたもの。

⑥誰もが知っているメジャー商品の裏側――スーパーカブ、iPhone、ガリガリ君、すき家、プリウスなど、人気商品の何らかの変化（リニューアル）や、そのヒットの裏事情など。メジャーな商品を扱っている人は、その〝変化〟を積極的に発信すべきである。「サッポロ一番が麵を5g増量した理由」程度でもいい（これは仮の話）。そこには「大食いの人が増えた」や「小麦価格が下落した」などの裏事情があることだろう。メジャー商品は多くの人が購入しているだけに、関心が高い。よって公共性の強いヤフー・トピックスは取り上げるのである。

⑦そのジャンルの記事があまり他メディアから配信されない場合――たとえば、今となってはあまり注目されないが、一世を風靡した芸能人についてや、後述のようにネットにはあまり存在しない「宝くじ」の記事は紹介されることも。

⑧ちょっとしたトリビア――牛丼チェーンの「つゆだく」の起源を調べた記事が登場したことがある。ちなみにこの記事の関連リンクは「つゆだくにした場合、どこのチェーンがもっとも気前よくつゆを入れてくれるか」を検証した記事である。1年も前の記

事だが、拾ってくれた。

それでは具体的にどんな記事か。NEWSポストセブンの記事で採用されたものから2つ紹介しよう。

■好調のプレミアム・モルツ　味刷新理由「守りに入るの嫌い」（法則⑤、⑥）

これは、サントリーのプレミアムビール「ザ・プレミアム・モルツ」（プレモル）が、売り上げ絶好調だったにもかかわらず、2012年3月に味を変更するリニューアルを行った理由を取材した記事。サントリー酒類代表取締役社長の相場康則氏による「うちの会社は、守りに入るのが嫌いです。『プレモル』は、順調だからこそ変えるんですよ。販売数が落ちてから刷新するのでは、遅いんです」という声を紹介したものだ。

プレモルはリニューアル直後からネット上で味の比較をする人が出たり、「前より美味しい」「前よりフルーティさが減った」などの声が多数出ており、これらの声をツイッターのまとめサイト・togetter でまとめる人も登場するなど、関心の高いテーマだった。このテーマについて、キチンと責任者の声を取ったところがヤフー・トピックスに取り上げられたポイントだろう。

■ドリームジャンボ　10年間のデータ見て当選しやすい番号分析（法則②、⑥、⑦）

サマージャンボ宝くじやドリームジャンボ宝くじは、当せん金額が多いだけに、国民的一大関心事である。だが、「発売される」「発売初日、有楽町ですごい行列」などという情報以外はそれほどニュースが存在しないのだ。そのため、ややひねりを加えた、だが分析としては面白いこの記事が取り上げられたのだろう。同記事では、10年間のデータから導き出した「59組138396」の具体例を紹介している。

セコい奴らが多過ぎる

話はちょっと逸れるが、私が編集を担当するニュースサイトの1つ（Aと呼ぶ）では一時期、「不正アクセス」が横行していたことがある。私たちは自分達でもニュースを作っているが、記事本数を増やすために、外部のニュースサイトから記事配信を受けている。ところが、ある時期、某ニュースサイト（Xと呼ぶ）から配信されるニュースが毎度Aのアクセスランキングの1位なのである。記事は別に面白いわけでもないのだが、なぜか1位だ。そして、このアクセス数が毎度異常値を叩きだしており、私たちのサイトのPVを15％ほど押し上げる結果となっていた。自動でアクセスするツールを使っているか、或いは冗談ではあるが、どこか発展途上国の人にひたすらクリックをさせているかのどちらかだろう。

そこで、よくよく調べてみると、1位を取るXの記事には、「〇〇さんも使っている美顔器『××』はここでチェックを！」のように広告的な文言が必ず入っていることが分かった。要はステマをやっていたわけだ。配信元のXに不正アクセスの旨を聞いたところ「私らはやっていない」とのことだ。とぼけているのか何なのかは分からなかったが、「これ以上やったら配信停止だぜ、この野郎」という警告を暗に見せたところ、その後パタリとその現象は止んだ。

ここからは勝手な想像だが、彼らはクライアントに対し、記事を1本100万円等の価格で売っていたのだと思う。その時の売り文句が「私たちのサイトにお金を払えば、様々なサイトで1位にできますよ！　そうするとアクセスがアクセスを呼びますよ！」だったのではないか。Xが広告代理店をかましているのか、自分で営業しているのかは不明だが、見せかけのアクセス増をそこまで必死にやる理由はそれしか考えられない。

「アクセスあるのに売れないじゃん」と言われても、「御社の商品に魅力がないから」と開き直ることも可能だ。

とにかく、セコい連中がネット上には多過ぎるのである。カネのためにならズルだってするし、買ってもいないのに、アマゾンのカスタマーレビューで「まずい」などと、嫌いな商品を貶(おとし)める書き込みをする。

また、「その時間働けよ……」と思うくらい、お金にうるさく、有り余る時間を費やしてちょこまかとした小遣い稼ぎをする人も多数いる。そうした人々には「1ポイントあげます」「今登録すると、50ポイント付与です」「抽選で1000コインあげます」などのキャンペーンが最も効果的である。

ジャズ喫茶理論とフェイスブック

個人によるブログ、企業によるキャンペーンサイトなど、情報発信の形態は様々だが、人々の嗜好はほぼ同じ。人間はいつになろうがあまり変わらない。これまでも私は「ネットでウケる11ヶ条」と「ネットで叩かれる10ヶ条」を発表してきたが、基本的にはこれもほぼ変わっていない。既にご覧になった方もいるだろうが、本書では新たに前者に加えた12条目、後者に加えた11、12条目を含めて記しておこう。

【ネットでウケる12ヶ条】

①話題にしたい部分があるものの、突っ込みどころがあるもの
②身近であるもの、Ｂ級感があるもの
③非常に意見が鋭いもの
④テレビで一度紹介されているもの、テレビで人気があるもの、ヤフー・トピックスが選ぶもの
⑤モラルを問うもの
⑥芸能人関係のもの
⑦エロ
⑧美人
⑨時事性があるもの
⑩他人の不幸
⑪自分の人生と関係した政策・法改定など

⑫「ジャズ喫茶理論」に当てはまるもの

最後の「ジャズ喫茶理論」とは前出・LINEの執行役員、田端信太郎氏が提唱した概念である。

今では珍しくなった「ジャズ喫茶」だが、1960年代〜1970年代の日本には数多く存在した。これは、コーヒーや紅茶を飲む場所でありながら、好きなジャズのレコードを店の人にリクエストできる喫茶店のことである。こう聞くと、「自分が聴きたいレコードを聴ける、便利な場所」と考えるかもしれない。だが、田端氏に言わせると、ジャズ喫茶とは「互いの自己顕示欲がぶつかり合う場所」なのだという。

というのも、ジャズ喫茶に行くような人々にはそもそも自らのセンスの良さを誇りたいという欲求があるからだ。だから超メジャーなジャズミュージシャンのアルバムをリクエストすると、「この素人め」とバカにされ（表立ってそうは言われないだろうが）、玄人好みのミュージシャンのアルバムをリクエストすると「おぉぉ！　こいつ、分かってる！」と他の客から思われるわけである。これが意味することは、「衆人環視の下では、人々は〝イケてる人〟と思われたい」ということである。これが、基本的には実名制のフェイスブックの世界で大いに当てはまるというわけだ。

ネット上の実名と匿名は何が違うか。まず、匿名であれば、誰からどう思われようがあまり関係ない。なぜなら、実生活で影響がないからだ。匿名であれば、ネット上で好き放題何でも言える。もちろん、名誉毀損的な発言をした場合は、裁判に発展したり、殺害予告などをした場合は逮捕されることもある。だが、普段のちょっとした悪口や揶揄に対しては、リスクはまったくない。これがネット上の言論は自由である、と言われる所以(ゆえん)である。だが、フェイスブックのように、実名が伴うとそうも言っていられない。

前章で紹介したネットニュースの中の「男性器のサイズ」に関する記事は、ツイッターでは大人気となったが、フェイスブックではまったく人気がなかったのである。この記事を基にした2ちゃんねるのスレッドをまとめた「痛いニュース」でもふたつのSNSを通じて反応した人々は同様の傾向を見せた。

ツイッターのRT数とフェイスブックの「いいね！」の数字を比較しよう。

元ネタである「NEWSポストセブン」でのRT数が410に対して、「いいね！」数は176（しかも、最盛期より減少している！）。

——2ちゃんねるまとめサイト「痛いニュース」でのRT数が948に対して「いい

ね!」数は57(これも同様に減少)。

似たような記事「性器の長さ19㎝男　女から嫌がられ『これからは短小の時代』」でも同様の結果だった。

一方、「まともな記事」の場合はどうか。TechCrunchというIT系の勉強熱心な人がよく読んでいるサイトの場合はツイッターとフェイスブックも拮抗することが多く、フェイスブックがツイッターを上回ることも多々ある。今、特に目星もつけずに「3Dプリンタ」に関する記事を見たが、ここではRT数が78で、「いいね!」の数が117だった。

話は、性器関連の「どうしようもない記事」に戻る。なぜ、RT数と「いいね!」の数でここまで差が出るのか。冷静になれば当たり前の話だ。多くの人間は高尚なものよりも、面白いものが好きである。ただし、こうしたバカな話題を実名で「いいね!」なんてなかなかできるものではない。特に「男性器の長さ」に対して「いいね!」なんてやろうものなら、家族からは「アンタ、大丈夫?　頭おかしくなった?」なんて言われるだろうし、上司からは「お前、ウチの会社名出してフェイスブックやってるんだろ。ウチの会社の品格を下げるんじゃねぇ、バカ野郎!」と怒られてしまうことだろう。良くて、なんとなく白い目で見られるようになる程度か。

だからこそ、匿名が原則の2ちゃんねると匿名が多いツイッターでこの手のネタがウケ、実名のフェイスブックでまったく盛り上がらないのである。

人は、自分のリアルな人生がかかわると、途端に品行方正になるのだ。

ではどんなネタがフェイスブックではウケるか。まずは「名言」の類いである。前出・ヨシナガ氏が書き込み、１万５１４５回シェア（他者と共有すること）され、３９２３件の「いいね！」がつき、４３６コメントが書き込まれたものはこれだ。同氏は英語でこう書いた。

When you're stressed, you eat ice cream, chocolate and sweets. YOU KNOW WHY? Because 〝stressed〟 spelled backwards is 〝Desserts〟.

同氏が著書に記している翻訳は以下の通り。

ストレスが溜まるとアイスやチョコのようなスイーツを食べちゃうけど、なぜなのか知ってる？　答えは、「ストレス（stressed）」を逆から読むと「デザート（Desserts）」になるからだよ。

性器の長さと比べてどれだけ洗練されていることか！　ウィットに富んでいるし、こんなネタを発見したのであれば、「見て見て！　オレ、こんなネタ見つけたんだよ！　オレもこのジョーク分かるんだよ。センスいいでしょ？」と自慢したくなるため、多くの人がフェイスブックで拡散させたのだ。日本人もこのネタに「いいね！」を押しまくり、「目から鱗」などといった。ここで特徴的だったのが、わざわざ訳す人、訳さない人の心境がなんとなく見えた点だ。訳した人は「ドヤ！　お前らみたいなバカには意味が分からないだろうから、英語だってできちゃうボクが訳してやったぞ」と言いたい人であり、訳さない人は「ドヤ！　お前らも意味分かるだろ？　わざわざ訳すまでもないよな」と言いたい人である。どちらにせよ、自分がいかにイケてるかをアピールしたい人だろう。こういう人は、普段からその英語の記事をキチンと読んでいないにもかかわらず、「これは良記事」などとソーシャルメディアでいちいち紹介するのが好きだという傾向もある。知り合いがこれらのネタを紹介していたら、「あれ、お前英語の記事なんて普段読んでたっけ……。英語苦手だったよな……」と言いたくなることがあるのだ。
もう1つ、2012年前半にフェイスブックでかなり拡散したのが、某小学校（ネット上では慶應幼稚舎とされていた）の入試問題とされる「4人の男の子の帽子の色」という問題である。

「4人の男の子が1列に並んでおり、AとBの間には壁があり、Bの後ろにはCとDが階段を順に上がる形で立っている。4人とも白か黒の帽子をかぶっているが、それぞれは自分の帽子の色が分からない。2人が白、2人が黒の帽子をかぶっていることはわかっている。この中で1人だけ自分の帽子の色が分かる人がいる。それは誰か？」

人々はこの解き方をいちいちブログやフェイスブックで解説しては、「よく分かりましたね！」と賞賛の声を浴びて喜んだ。どいつもこいつも自分の頭の良さと柔軟な考え方を他人に見せつけたくて仕方がなかったのである。或いは、解けなかったとしても、「子供はこれが解けるそうですね。子供の柔軟な発想を思い出さなくてはなりませんね」と、「謙虚なオレ」アピールをする。さらには、「私は早稲田は入れましたが、慶應幼稚舎にはさすがに入れませんね」と一見自虐に見えつつも自慢をする人もいたのである（解法を知りたい人は、ネットで「4人」「子供」「帽子」とでも入力してみてください）。

ローマ法王に突撃した日本人

対照的に匿名ユーザーの多いツイッターで人はどうふるまうのか。第1章でもバカの例を出したが、それ以外にもその勢いはとどまるところを知らない。テレビや新聞では紹介されないだろうから簡単に触れておく。

芸能人がツイッターに大量参入したことで、多くの一般人がアカウントを取った頃のことだ。私が実に恥ずかしいと思ったのが、突如としてオバマ大統領に対して意味不明の絵文字つきでメンションを送りつけたり、「フォローしろ」と命令したり、「さぬきうどん食いに行こうぜ」と呼びかける日本人が続出したことである。その時にオバマ氏に宛てたツイートを検索したところ、かなりの割合が日本人によるふざけたメッセージだった。

さらに恥ずかしかったのが、前ローマ法王・ベネディクト16世が2012年12月にツイッターを始めたときだ。またもや日本人が続々と突撃。

「ちょwwwwwおまえ毎日白い服だなwwwwwwwwwwwwwwwwwwwこの貧乏人が」
「フォロバしないとサリン撒くぞ」（※フォロバ＝フォロー返し）
「えっちしよ」
オバマ氏と同様のバカ騒ぎのほか、「ローマ法王に殺害予告します。明日殺す」と書く者まで現れた。そして、ベネディクト16世が高齢を理由に退位を発表した時は「老人ホームへ連れてけ！」と書く人が出たほか実に非礼な発言が続出した。

テクノロジーはバカを超えられない。

世の中には我々の想像を超えるバカもいるわけで、もちろん実名が多いとされるフェイスブックにも存在している。
あるとき、「ヤフーリアルタイム検索」で「酔っぱらった」「飲酒運転」と入力してみた。これでツイッターやフェイスブックを含めていま何が書き込まれているかが分かる。
すると、ドンピシャで「酔っぱらった後に飲酒運転をして帰ったら彼女に怒られた」と書く男性がいるではないか。友人たちも「お前いつも酔っぱらってる」や「飲酒運転はいかん」などと呑気なことをフェイスブックという公の場で言っている。

この男性のプロフィールを見ると、なんと大手自動車会社の某工場勤務とあるではないか！　コンプライアンスに厳しい印象のある会社なのに、こんな書き込みを許すのか……と驚いたが、「いや、それ以上に勤務先まで明かしているのに飲酒運転を明かすバカがいることにまで人事部もさすがに想像力が働かないのだろう」と妙に納得したのである。それで、ドキドキしながらこの男性の「友人」をチェックしてみると、これまたバカが続々と登場するのである。

1人の女性は「20歳になったら病院に行って禁煙をしようと思う」と書いている。そして、19歳だというのに、普段からタバコを買う話を書いており、この時「実名」というものはバカにとっては抑止力にならないことを新たに気づかせてもらったのだった。

というわけで、「衆人環視の下、人は実名では、自分がイケてると思われる言動を取る」というジャズ喫茶理論は当てはまらないケースもあるということだ。いや、ちょっと待てよ……。このバカたちにとっては、「飲酒運転」と「未成年喫煙」はイケてる行為なのか！　だったらジャズ喫茶理論、盤石である。

中国、韓国をホメるな

「ネットでウケる11ヶ条」に続き、「ネットで叩かれる10ヶ条」も更新した。

【ネットで叩かれる12ヶ条】

①上からものを言う、主張が見える
②頑張っている人をおちょくる、特定個人をバカにする
③既存マスコミが過熱報道していることに便乗する
④書き手の「顔」が見える
⑤反日的な発言をする
⑥誰かの手間をかけることをやる
⑦社会的コンセンサスなしに叩く
⑧強い調子の言葉を使う
⑨誰かが好きなものを批判・酷評する
⑩部外者が勝手に何かを言う

⑪韓国・中国をホメる
⑫反社会的行為を告白する

⑪はその流れがますます加速してきた。これについてはまた後で触れる。⑫は「こんなこと言わずもがな」と思っていたのだが、飲酒運転の例に見られるように、バカ続出が止まらないのを見て、いちいちこれについても言及しておいた方がいいと考えたから敢えてリストに加えておいた。本当はこんなものを加えたくはなかったということも言っておきたい。

第6章　見栄としがらみの課金ゲーム

人は「最大手」に群がる

ここまでは主に個人（芸能人なども含む）とネットとの関係を見てきた。本章では企業について見ていこう。

1ジャンルで1個人しか勝てないと述べてきたが、企業でも、1ジャンルにつき1社とは言わぬまでも数少ないプレイヤーしか勝つことができない。なぜそうなるのかといえば、ユーザーは1つのサービスを使っておけば、それ以外のサイトの会員にならなくて良いからである。つまり人は「最大手」に集まる。実際「最大手」には資金力もあるからサービスも多種多様だし、コンテンツも続々と追加される。ポイントも大盤振る舞いしてくれる。

その結果が次の通りだ。通販ではアマゾンと楽天、ＳＮＳはフェイスブック、ゲーム

SNSではGREEとモバゲー、ブログサービスではアメブロ、グルメ口コミサイトは食べログ、レシピサイトはクックパッド、ポータルサイトはヤフー！、無料コミュニケーションアプリはLINE、つぶやきサービスはツイッター、ケータイ小説サイトは魔法のiらんど、質問サイトはヤフー知恵袋、発言小町、イラスト投稿サイトはpixiv、プロフサービスは前略プロフィール、動画投稿・配信サイトはユーチューブとニコニコ動画といった具合だ。

逆に言えばこれ以外を使っている人は、よほどその分野に詳しいと言えるだろう。こうした「最大手」は大量の会員を抱えてしまえば、一時期は安泰である。

ただし、これまでに流行ったものがすぐに廃れていくのもネットの特徴だ。ケータイ小説は2000年代中盤に大ヒットしたが、今はアプリや電子書籍に取ってかわられている。今でもケータイ小説はあるものの、書籍化されて200万部越えの大ヒットとなるような事例はもはや聞こえない。

この凋落の大きな理由の1つは、携帯電話の料金体系が変わったことにある。元々携帯電話のパケット通信料は定額制ではなく、通信した量だけ支払うことになっていた。だからこそ、一度ダウンロードした書籍（その都度通信料が発生）という形で読まざるを得なかったのだ。そのため書籍化を望む声も多かった。今は携帯電話、スマホともに定額制になっているため、いくらでもネットに接続が可能。様々な社会環境の変化や技術革新によって陳腐化するサービスが続々出てくるのもネットの世界なのである。

ＧＲＥＥは今でこそゲームＳＮＳという認識が一般的だろうが、前述の通りかつては現在のフェイスブックのようなＳＮＳだった。競合相手のミクシィが会員を続々と増やしていくなか、苦戦を強いられたが、その後携帯ゲームに特化したＳＮＳとなって復活した。いや、というより大儲けした。同社の２０１２年６月期連結期決算は、４～６月は４００億円の売り上げで、営業利益は１８９億円。ライバル・モバゲーを運営するＤｅＮＡの同時期の売り上げ高は４７５億円で営業利益が１８３億円。かなりの利益率だが、これを支えているのが「課金」である。

「ニコ動」プレミアム会員は６％

従来ネットビジネスは基本的に無料で、広告で収入をあげるのが通常パターンだった。これはネットニュースサイトも同じだ。なにせ、ネットでは課金が難しいのである。１００円を１５０円に値上げすることよりも、使用料０円を１円にして課金会員になってもらうことの方が難しい。たとえば、ニコニコ動画には月額525円を支払うプレミアム会員制度がある。2012年1月現在では、2505万4479人のIDに対し、プレミアム会員の数は150万人である。これは全体の6・0％だ（なお、本章ではiTunesストアなど、「買い物」サイトについては触れない。あくまでも何らかのサービス（たとえばゲームなど）を提供するサイトにおける課金について扱っていく）。

私も課金ビジネスには多少かかわっているが、課金会員はそのサイトを訪れる人のおよそ2～10％程度と見ている。何せクレジットカードを登録させるまでのハードルが高いのである。大切な個人情報を扱うだけに、煩雑な手続きを経てもらう必要があるのだが、ユーザーが途中の段階でイヤになってしまうことが多いのだ。その点、携帯電話支払いになっているサービスは強い。暗証番号を1つ入れるだけで会員登録が完了するし、一度ダウンロードしてそれ以上は使わなかったとしても、解約しない限り毎月課金され続ける。家族単位で契約している人も多い故に、明細表が複雑で内容がよく分からないまま運営会社が潤うケースもあるだろう。

さて、日々新しいゲームをリリースするGREEやDeNAなどが展開しているソーシャルゲームの世界がどうなっているかを見ていこう。ここにはネット社会とはまた異なる、ネット課金ゲームのピラミッド構造がある。

携帯電話やスマホを端末として遊ぶソーシャルゲームは、実は見栄と人情としがらみに溢れた世界である。ゲームはしないという方も、大量に流れているCMからおよその内容は感じられるはずだ。多いパターンがカードを収集していき、それを他のユーザーと対決させるという対戦型ゲーム。ここでどれだけレアなカードを持っているかで、強くなれるだけでなく、他ユーザーからの尊敬される度合いや羨ましがられる度合いが変わってくる。レアカードを何とか獲得しようと、ユーザーは必死になってガチャ（何が出るかは分からない電子クジ）を回し、どんどんお金を使うことになる。

ガチャは1回300円や11回3000円＋特典付きといった形で課金される。だが、カードをすべて揃える「コンプ」（コンプリートする）のために数十万円単位でお金を使う人なども登場し、各地の消費者センターにはクレームが多数寄せられていた。有料であることをよく知らない子どもがガチャで大量のカネを使っていたことを後日親が知って、慌てて助けを求めた例もある。2012年5月、消費者庁は景品表示法違反の可能性があると指摘。その後すぐにDeNAもGREEもコンプガチャの終了を発表した。

ガチャのシステムは実に巧妙にできており、無料でのガチャではザコのようなカードが出てくるが、課金に応じればレアカードが出てくるようになっている。さらには、「レベルアップガチャ」といい、特定のレアカードを規定の枚数揃えるとスーパーレアカードがもらえることもある。こうしてユーザーはカネをどんどん絞り取られるのに、ゲーム内でのカード発行に発生する「コスト」は微々たるものに過ぎない。ちょっと考えるだけでも運営と一部のラッキーな人間がウハウハ儲かる仕組みになっているわけだ。

とはいっても、レアカードには穴もある。

これらをヤフーオークションなどで転売して儲ける人が現れたのだ。中には5ヶ月で3120万円を売り上げた人もいるという。アイドルグループ・TOKIOがCM出演していたGREEのゲーム「探検ドリランド」では、不正にレアカードを複製する方法が発見され、ネット上でやり方が公開された。すぐさまオークションに1枚3万円程度で複製したカードを売る者が多数登場。当然値崩れを起こし、買い手はつかなくなった。

ゲームを続けるには、カードに続いてアイテム購入も必要だ。強い武器や防具を身につけたり、低下した体力を回復させるための〝薬〟を購入したりするのにカネがかかる。もちろん無料でも遊べるが、当然装備はショボいし、回復するには一定時間ゲーム内でキャラクターを休ませなければいけない。この休む時間をなくすために課金に応じ、薬を買うわけだ。以前、ソーシャルゲーム会社の社員はこう言っていた。

「ソーシャルゲームは2種類の人を相手にしています。それは、『お金でアイテムを獲得する〝時間を買う人〟』と、『〝時間を使って〟気合でボタンを何百回も連打するなどし、無料で遊ぶ人』です。前者の人はとにかく先に進みたい、そのためにはお金を払うことを厭いません。後者は、お金は払いたくないけど、時間だけはある人です。後者の人の方が圧倒的に数は多い」

いずれにしてもソーシャルゲームには2013年の段階では、人々のカネと時間を大量に使わせる魔力があるようだ。

誰もランニング姿のアバターには話しかけない

見栄の話でいえば、アメーバピグのようなアバター（自分の分身のキャラクター）を使う世界でも同じことが言える。着飾っている人やレアアイテムを持っている人は、そうでないユーザーに対して優越感を抱くことができる。私のアメーバピグでのアバターの格好は、無地の短パンにランニング姿という実に貧乏くさいものだ。何のアイテムも買わないからである。

この格好で仮想空間内の渋谷に行ってみても、中学生や高校生と思われるユーザーからは話しかけてもらえない。彼らは派手な帽子や洋服で全身を着飾っている。アクセサリーも持っており、季節に合わせて恰好を変える。これらは100円（仮想通貨）以上支払って購入するのだ。あるいは、頻繁にログインし、運営側から与えられるお題に答えることで、アイテムをもらう。

アバターは「部屋」も持っており、お金を払うことによって広くしたり、家具を増やしたりすることができる。私の部屋はちゃぶ台と座布団が2枚あるだけの殺風景な部屋だが、豪華なベッドにソファー、数々のインテリアや観葉植物を揃えた人もいる。ペットとして、レアアイテムのパンダを持っていると相当尊敬されることだろう。中にはキャバクラやソープランドを運営する人も出るほどだ。こうしてゲーム内の「イケてる自分」を演出していくのだ。ただし、カネか時間が相当かかることを覚えておきたい。

人情としがらみの話をすると、「ソーシャル」と銘打たれているだけに、ゲーム内でも他人とかかわることになる。となると、むげにやめづらいし、助け合わなくてはいけないことが多い。かつて流行った「サンシャイン牧場」をはじめとした農作物を作っていくゲームでは、他人の農作業を手伝うことによってポイントがもらえ、そのポイントを使って今度は誰かに助けてもらい、自分の農地を開拓していく。「怪盗ロワイヤル」のような戦闘も含む冒険ゲームでは、チームを組んで闘っていくが、強い人にくっつく子分のようになって闘いに勝利し、おこぼれをもらったりもする。ここで「しがらみ」が発生するのである。同ゲームに相当な時間をかけ、それなりに強くなるも、課金はしなかったため最強にはなれなかった30代男性はこう語った。

「一時期かなりハマっていたのですが、私も仕事が忙しいので、ゲーム内で仲間に『そろそろやめようかと思うんですよ』と伝えたら、仲間たちが『やめないでください！』や『寂しいですが、○○さんがお決めになったことですから尊重します。これまでありがとうございました』『寂しくなりますね……』なんて言うんですよ！　こうなったらやめられないじゃないですか！　普段の人間関係よりも難しいものですね」

いくらネットの世界とはいえども、あたかもサークルや同好会をやめると宣言した人物に対する、メンバーからの声のように聞こえてくれば感情が動かされるのも無理はない。やはり、人間と人間がかかわる以上、オンラインだろうがオフラインだろうが義理としがらみは発生するものなのである。結局彼がゲームをやめることはなかった。

なぜ「無料ユーザー」が許されるか

それにしても、なぜディスプレイの中のカードやアイテムや服にそこまでカネと時間を費やすのか、私のような頭の固い人間には理解できない。だが、それらを獲得するためにはいくらお金を使っても構わない人が現に存在するのである。先ほど2〜10%ほどが課金ユーザーになると書いたが、高額なカネを支払う「大得意先様」とも言えるユーザーはさらにその中の数%だろう。この人たちが落とす大きなカネと、その他大勢が落とす小さなカネによって莫大なる売り上げを運営会社は稼げるのだ。

時期的な波はあるものの、GREEとDeNAはこうしたゲームのCMを大量投下し続けている。その狙いは会員数=母数を増やすことだ。増えれば増えるほど一定数いる課金ユーザーを獲得できるし、無料ユーザーの数をさらに増やすことも嬉しいことなのだ。なぜか、と思われるかもしれない。

無料ユーザーが「ゲームをにぎやかにしてくれる有象無象」であり、「大得意先様をより気持ちよくする下僕」だからだ。

コミュニティというものは人が多くなければ盛り上がらない。そんな時に、無料のユーザーが各所で遊びまわり、コミュニケーションを取ってくれれば、楽しい場所とのイメージが作れ、より活発に課金する人が増えることだろう。また、無料ユーザーがすごいカードやアイテムを持っている人に対して尊敬の念を抱いたり、助けてくれたことに感謝したりすることによって、大得意先様は気持ちがよくなり、よりゲームに没頭してくれることとなる。だが、忘れてはいけない。

なぜ無料ユーザーでもここまで遊ばせてくれるんだろう！　いい人だな！　などと思ってはいけない。あなたのクリックと遊んでいる時間は、すべて運営側の利益になっているのである。

クラウドファンディング

ネット上を行き交うカネは、すべてが世知辛いわけではない。

ジャーナリストの津田大介氏は、2012年にはネット上で「寄付ブーム」が来ると予想した。果たしてそれは来たか。ある程度来た、と言えるだろう。

ネット上で活動内容や目指すところを表明し、共感してくれた不特定多数の人から資金を集めることを「クラウドファンディング」という。paperboy&co. 創業者の家入一真氏はクラウドファンディングを行うプラットフォーム CAMPFIRE を設立し、何かを実現したいものの先立つものがない人々をネットを通じて支援しようとしている。

こうしたクラウドファンディングのサイトには他に「READYFOR?」というものもあり、「ネパールで売春宿から保護された女性達にメイクアップ職業訓練を」という活動を展開する一般社団法人 Coffret Project はこのサイトを利用。250万円を集めることを目標としていたが、最終的には280人から276万5000円を集め、活動資金に充てた。ほかにも、「教科書が欲しいので3万円欲しい」といった少額の寄付をネット上で募る動きも出ている。

また「無職マラソンランナー」としてロンドンオリンピックに出場した藤原新は、ニコニコ動画のユーザーに対してスポンサーになってくれるよう生放送で呼びかけた。2万人限定で、目標金額1000万円。先述したように「プレミアム会員」は月間500円(+消費税25円)を支払っている。そのうち1ヶ月分の会費を自分に投資して、五輪で活躍できるよう応援してください、と訴えたわけだ。すると、約1週間で2万人を達成したのである。

残念ながら藤原はオリンピックでは45位に終わったが、「応援したい」という気持ちを多くの人が持っていれば、一人一人が支払うのは少額であっても、大きな金額になることが証明された。ただし、これはニコニコ動画に会員登録している人がその月会費を出しただけなので、前出「0円から1円にするのは難しい」をすでにクリアした人々だったということは忘れてはいけない。

ネットがあっても安易にカネを集めることはできないし、あなたがそれなりの大義を持っていない限り、人はカネをくれるということはない。

素性不明のユーザーが実現した意見広告

2012年5月、片山さつき参議院議員が次長課長・河本準一の母親による生活保護費不正受給問題について、自身のブログで問題提起した。独自の調査でもなんでもなく、女性週刊誌の記事を元にしたものだったが、芸人の実名を出して質したことでメディアでも大きく取り上げられた。これに対し、「わざわざ実名で告発する必要はない」と考えたのがツイッター上のnoiehoieという人物で、新聞に意見広告を出すためのカンパを募った。すると共感する人が多数現れたのだ。

同氏はこれが詐欺でないことを示そうと、銀行口座に振り込まれた金額を通帳の残高写真で公表していたのが、途中から止めてしまう。それにより「持ち逃げするのか?」

「不透明性がある」などと批判されるようになってしまったが、実は広告代理店に額を明かさぬよう伝えられていたためという。代理店側は、新聞の広告面の価格を明かしたくなかったのだろう。何せ新聞広告というものは、広告主によって価格が異なったり、ギリギリのタイミングまで広告が入らなかったりした場合はとんでもなく安い値がつくものなのだ。

最終的には彼の思いに賛同した人々のカンパにより、毎日新聞朝刊に「制度を改正するために個人を攻撃する必要はありません。」と大きく書かれた全面広告が掲載された。

この出来事の画期的なところは、彼が本名や顔を明かさなかったにもかかわらず、多額の寄付が集まったことにある。最終的な金額は分からないが、600万円は超えたようだ。寄付をした人は、普段の彼のネット上の言動を信頼し、実名でなくても、顔が分からなくても寄付をしたのである。

ほかに見られた新たな傾向としては、新サービスを思いついた人が何人かのチームでサービスを作り、うまくいったら売却するというものがある。たとえば、前出の家入氏はLivertyというチームを組み、1人の男性の顔面を広告媒体として1日1万円で販売する「顔面広告.com」、学費の寄付を募る「studygift」、自分のスキルや時間をコンテンツとして切り売りできるクーポンマーケット「OREPON」などをリリースした。いずれもノリで作り、突然サイトが消滅したりはしているが（笑）。

また、先述したソーシャルメディア上の影響力を数値化する「Ｑｒｕｓｔ」や同サービスの派生形でソーシャルメディア上での影響力が強い人向けのクーポン「ソエンドクーポン」も話題となった。ＳＮＳを通じてユーザーを物品の運び人にして報酬を受け取る「hakobito」や他人の予定を自分でも見ることができる「Smarty Smile」、落し物の情報をツイッターを使って共有できる「落し物ドットコム」など連日のように新たなサービスが開始されている。変わったところでは、上司のフェイスブックへの投稿に勝手に「いいね！」をクリックしてくれる「シャチクのミカタ」や、これまでのツイートを消してくれる「黒歴史クリーナー」などもある。

何かが得意な人が自分の知識を伝える「サロン」を運営するプラットフォームもあり、1人1000円程度を支払えば、その人のサロンに1ヶ月参加することが可能だ。その人の活動を応援したい気持ちでもいいし、何かを学びたい気持ちでもいい。100人が集まれば、サロン運営者は月に10万円の収入を確保できる。こうしたお金の流れもネットでは生まれてきている。

第7章　企業が知っておくべき「ネットの論理」

炎上している連中はバカか?

多くの人がネットに慣れた。

それによって、個人も企業も感覚が変わってきた。かつては「ネットに情報を出す際には、『炎上』をさせないことこそ重要だ」と考える人が多かった。特に企業の人にはその傾向が顕著だった。無難であることを第一に考えていたのだ。

だが、先述したような例はあるものの、連日のように発生するネットの炎上案件を見ていると、人々はこう考えるようになる。

「それなりに常識人であれば、炎上なんてしないじゃん」

「炎上している連中は単なるバカなんじゃないか?　あるいは炎上させている方がおかしいんじゃないか?」

これには、炎上させている側とされている側のやり取りがより可視化されるようになったこともあるだろう。確かにツイッター等では明らかにおかしい側の人間は衆人環視の下で常識人から総攻撃をくらい、いつしか炎上は鎮火する。ネットの場では良貨が悪貨を駆逐するのである。いや、正義は勝つという面があるのは事実だ。

そして、ブログや2ちゃんねる、SNSなどのソーシャルメディアがブームとなり、情報が瞬時に拡散するようになると、こうも考えるようになっていった。

「せっかく情報発信するんだから、より多くの人が見た方がいいじゃん」

そのため現在は炎上対策だけでなく「拡散すること」も重要視されている。ますますネット上の情報が増えるなか、「見られない情報は価値がない」という意識を、多少なりとも企業を含めたネットユーザーが持つようになったのだ。

とはいえ、企業からすればたとえ一時的ではあっても炎上したり、攻撃を受けたりすることは避けたい。では、どのようなスタンスが愚かで、どのようなスタンスが賢明なのだろうか。

「のまネコ騒動」と「嫌儲」

元々ネットユーザーには「嫌儲」という考え方がある。ネット上にある「皆で作ったもの」を勝手に商用利用されたり、まとめブログでまとめ人がアフィリエイトの収入を得たりすることを嫌がるのだ。まとめブログとは、例えば2ちゃんねるのとあるスレッドに書かれた内容をコピペしてノイズ（余計なコメント）を削除、流れや展開を読みやすく、そして秀逸なコメントの文字を大きくしたり色をつけたりすることによって面白く編集し直したトピックが並ぶものだ。つまりまとめ人は「読みやすさ」をウリにPVを稼ごうとしているわけだ。

スマホの普及以後、2ちゃんねるのまとめブログを見ることのできる無料アプリなども登場した。元々はネット好きの人々を中心としたアングラなサイトだと思われていたが、今やネットヘビーユーザーというわけでもない女性でも普通に見ている。「スマホで何やってるの？」と聞いたら「2ちゃんねるのまとめサイト読んでいます！」と快活に答えられて、こちらが恥ずかしくなってしまうこともあるほどだ。

それはさておき、2ちゃんねるのまとめブログの元ネタは、元来は2ちゃんねるに書き込んだそれぞれの人間に著作権があるわけだ。それを断りもなしに使われ、編集した人間の懐にアフィリエイトの収入が入るのには抵抗感を持つ人も多い。2ちゃんねるのスレッドには「アフィリエイトサイトへの転載は禁止」を謳うスレッドも存在し、そのスレッドを転載した場合、管理人は大いに非難される。

この「嫌儲」に関する最大の事件とも言えるのが、「のまネコ騒動」だ。これは2005年に発売された『恋のマイアヒ』（ルーマニアのグループO-Zoneの曲）にまつわるものである。同曲はオリコンで1位を獲得したが、それ以前にユーチューブでは同曲に「空耳（外国語なのに日本語のように聞こえること）」の歌詞をつけたフラッシュアニメが存在していた。2ちゃんねるの猫キャラクター「モナー」が酒を飲んで「飲まま飲まイェイ」と騒いだり「キープだ牛！」と言う姿が大いにウケており、そもそもネットユーザーに見出された「名曲」だったわけだ。CDの販売元であるエイベックスは、このフラッシュアニメを元にオフィシャルプロモーションビデオも作成する。

しかしエイベックスの子会社・エイベックスネットワークがこの猫キャラクターを元にしたグッズを作り、「ⓒのまネコ製作委員会」と権利を主張したことで一気にユーザーたちの反発を買う。元々モナーは2ちゃんねるユーザーにとっては共同財産のようなもので、誰もそれで儲けようとはしていなかった。その暗黙のルールを破ったことに多くが憤ったのだ。批判が殺到したエイベックスは次のように発表して事態を収束させようとする。

「当社製品に使用されているキャラクター『のまネコ』は、『のまネコ』の著作権を管理する有限会社ゼンと商品化契約を締結した上で使用しております。『のまネコ』は、インターネット掲示板において親しまれてきた『モナー』等のアスキーアートにインスパイヤされて映像化され、当社と有限会社ゼンが今回の商品化にあたって新たなオリジナリティを加えてキャラクター化したものですが、皆様において『モナー』等の既存のアスキーアート・キャラクターを使用されることを何ら制限するものではございません」

これが「上から目線」「盗人猛々しい」と猛烈な反発を呼び、松浦勝人社長宅への放火予告や、関係者の殺害予告など、不穏な空気にまで発展する。ちなみに2013年2月に他人のPCを遠隔操作し、殺人予告をネット上に書きこんだ疑いで逮捕された会社員は、この騒動の際に「のまネコのデザインのCDを販売店から回収し、謝罪文を掲載しろ。今週中にこの要求を受け入れないと、社員を刃物で殺害する」といった趣旨の文章を書き込んで逮捕された人物である。

結局エイベックス側はのまネコの商標登録化を断念することとなった。以後、企業のネット参入に対してはあまりに儲け主義が見え隠れすると、反発が起きるようになる。「ステマ」もその典型例だ。

ネットの「嫌儲」に関連しているのが、音楽会社や出版社、テレビ局等コンテンツホルダーが著作権を主張するとなぜか叩かれる点である。無料が当たり前のネットでは課金をしようとすると途端にゼニゲバ扱いされるのだ。コンテンツのプロテクションをしたり、コピペできないようにするのは当然なのに、なぜか「心が狭い」「ケチ」と言われる。一方、人気マンガ『海猿』や『ブラックジャックによろしく』の作者・佐藤秀峰氏のようにネット上にコンテンツをアップし、二次使用を完全フリー化することによって将来的に自分にとってトクすることがあると考える人などは大絶賛される。

ただ、これは佐藤氏がかなりネットユーザーに対して性善説で接しているし、元々同氏はネット上の著作権に対して寛容で、ネットユーザーから「神」扱いされていたからこそできるレアケースだろう。佐藤氏はオマージュ作品の誕生など、何か新たな動きが起きればニュース化し、注目を浴びるはずだ。もしかしたら結果的にトクするかもしれない。だが、そこに続く多くの人が必ずしもトクするとは私には思えない。

前に書いたように「1ジャンル1人」の法則がここにも当てはまるだろう。佐藤氏は「ネット上の著作権に対して大らかな漫画家」の第一人者というわけだ。コピー&ペースト自由というのは、電子書籍で安価に買える、といったものとはレベルが違う。もはや稼ぐ必要もないほどの大御所であれば、寛容にもなれるだろう。しかし、若手の作家・漫画家・音楽家からすれば、いくら「寛容であればあるほど（つまり、タダでコンテンツを提供すれば）ネットでは賞賛される」と分かっていても、そんな評判獲得よりも当座のカネを重視したいはずである。

これは、ｐｉｘｉｖといったイラスト投稿サイトや、ツイッターのイラストアイコンでもよく発生する問題である。「そのイラストを書いたのはオレだ。なぜか知らないヤツの作品ってことになっている」や「そのアイコンは誰の許可を取って使ってるんですか?」のような争いはよくある。プロであれ素人であれ、自分が作ったものを勝手に使われることに対して抵抗感を持つことは自然だし、多数派だろう。具体的データはないが。少なくとも私自身は「何でも自由に使ってください」と言うほど寛容ではない。第5章の「ネットでウケる12ヶ条」などを出典を明示したうえでネットに書いていただくのは大歓迎だが、書籍の全文をコピペされてはたまったものではない。

営業マンよりキャンペーンガール

ただし、ネットユーザーは別に企業を排除したいとは思っていない。あくまでも「オレ達の仲間」になってくれれば良いのだ。『ウェブはバカと暇人のもの』で私は「ネット＝居酒屋論」を展開した。これは、ネットの空間とは様々な人が集う居酒屋のような場所である、と定義したものだ。こうした場所ではいきなりスーツを着たオッサンが「我がタバコの新製品の特徴はですねぇ、メンソールが◯mg配合されていて、7年の開発期間をかけて……」といった商品のことだけを言いたいがために、楽しく飲んでいるテーブルに闖入してくるのはダメ！　というものだ。こんな営業をかけられたら、「うっせーよ、今楽しんでるだろ。あと、オレらタバコ吸わないぜ。灰皿使ってねぇだろうよ、バカ！」と言われてしまうのが関の山だ。それよりもセクシーなタバコのキャンペーンガールがすでにタバコを吸っている人のテーブルへ行ったり、「よぉ、お姉さん、こっちにも来てよ～！」と頼まれた時に「新製品ですよ～」「成分はなんなの～？」「えっ？　成分？　わかんなーい！　でもおいしいですよ！」といったコミュニケーションを取れたりした方が、むしろその場にいる人と良質なコミュニケーションをはかれるのでは、と書いたのだ。

基本的にネットではクリックされなくては意味がない。マスメディアの広告であれば、強制的に見せられるが、ネットでは違う。人々の自発的な興味やクリックがコミュニケーションに繋がるわけである。

企業が勝手な儲けの論理でドカドカと土足で入ってはいけない、ということを私はひたすら言い続けて来た。それなのに、新しいツールが出ると、広告代理店やメディアやマーケティング会社やPR会社は新しいツールを使ったプロモーションの提案に必死になる。クライアント企業も「上司からLinkedInを使いこなせ、って言われたからなぁ……」と言っては下請けの広告代理店等に「LinkedInを使った企画を考えてくれ」などと手段ありきで発注する。

2010年、私が目にしたプロモーションの企画書には、かなりの割合でツイッターとユーストリームを使った施策が書き込まれていた。しかし2011年の初頭、早々にユーストリームの文字は企画書からは消えた。中継やセッティングに意外に手間がかかること、そして最大の理由は視聴者が少ない点にあった。ユーストリーム中継をイベントの目玉の1つにしていたにもかかわらず、視聴者数が2桁（つまり100人未満！）

だったりすることもよくあったのだ。そのしょぼい数字が良くも悪くも明らかになるため、担当者としては自己の評価を考えるとあまりにリスキーな施策だと分かったのだろう。

フェイスブックと企業

翻ってフェイスブックを見てみると、２０１１年初頭はアツかった。だが、東日本大震災を経て、広告業界が自粛ムードに染まった時、多くの企業は自分の会社が社会のどんなところで役に立てるのだろうか……を考えるようになったと私には感じられた。また、２０００年代前半からデジャヴのように繰り返された、新ツールを使ってネットユーザーを囲い込んで会員になってもらったり、商品を買ってもらおうという都合の良い方法が通用しないことにさすがに気付いたのかもしれない。

２０１２年6月5日、米・ロイターとシンクタンクのイプソスは、フェイスブックユーザーの８割がフェイスブックの広告や書き込みをきっかけに商品を買ったことがないと発表。対するフェイスブックは、スターバックスと米小売大手ターゲット社の例を出してフェイスブックの広告に効果はあると反論した。

この言い争いの結果はさておき、２０１１年には「絆」という言葉が様々な場所で使われた。私自身はこの言葉は偽善に満ち溢れているようで大嫌いなのだが、マーケティング業界でも「エンゲージメント」という概念を語る人が増えていった。エンゲージメントとは、「婚約」の意味でも使う、要は「絆」のことである。２０１１年の「今年の漢字」も「絆」になった。

ともあれ一般のユーザーの輪の中に企業はなかなか入りづらかったのだが、最近はだいぶ入れるようになってきている。これをもたらした大功労者がツイッターだ。

企業がソーシャルメディアでユーザーと絆を作ろうとした場合、圧倒的に重要なのが「中の人」（企業の担当者）の資質である。コミュニケーションが苦手な人、ネットが嫌いな人が会社の業務命令でツイッターやフェイスブックをやっても長続きしない。

ＮＨＫの堀潤キャスター（当時）はツイッターで９万人のフォロワーを持つ人気者だった。だが、２０１２年３月、海外留学に伴い、@nhk_HORIJUN のＩＤでのツイートを終了すると発表した。すると、ネット上で「やめないで！」と嘆願する声のほか、ＮＨＫのツイート終了指示に対する反発が巻き起こったのだ。ＮＨＫとしては、業務の一環としてキャスターにやらせていたのだから、キャスターでなくなる以上、やめさせるのは当然と考える。だが、ネットユーザーは納得できない。彼らの言い分はこれだ。

「別に私たちはＮＨＫの職員だから好きだったわけではなく、堀さんだから好きだったのだ」

この件は、「ネットは個人のもの」であることを改めて私に強く印象付けた。つまり、「組織の論理」と「ネットの論理」はそもそもかけ離れ過ぎているのである。そんな両者が折り合いをつけるにはどうするか。結果的に堀氏は原発報道に対するＮＨＫの報道姿勢に反発して２０１３年3月をもって会社を辞め、個人としてネットを活用して情報発信をするべく市民投稿型動画ニュースサイト8ｂｉｔＮｅｗｓを運営中だ。

郷に入っては郷に従え、ではないが、企業・役所を含めた組織はネットの論理に従った方が良い。なぜなら元々儲けようと考えている企業は、「嫌儲」のように嫌われるポテンシャルをすでに抱えている。そこで好かれるには、ネットの論理に従った発言をしなくてはならない。そうしなければ無駄な反発をくらうだけである。

ＡＣ広告を吹き飛ばしたミゲル少年

ネットの論理を理解し、そこでの情報発信に精通したサラリーマンがいる。それは、生活日用品メーカー、エステー株式会社特命宣伝部長の鹿毛康司氏である。

鹿毛氏は同社の執行役でもあるのだが、いや、それだけのポジションがあるからできるのか、実に自由にネットで情報発信をし、人々と交流している。そして、そこから仕事に発展させている仕事人と言える。

東日本大震災後、関東以北のテレビCMは軒並みACジャパン（旧・公共広告機構）のCMだらけになった。仁科亜季子・仁美親子が登場する乳がん、子宮頸がんの啓発CMに加え、「ポポポポーン」とハイタッチをする子どもが登場する「あいさつの魔法」などを覚えている人も多いだろう。ACのCMは、何らかの事情があった場合に枠を押さえていた広告主がそこでオンエアをしないことを決定した時に登場する。通常は不祥事が起きた場合に流されることが多い。以前、ACに確認したところ「様々なケースがあり、不祥事だけではない」と回答されたが、広告業界人としては、「不祥事の時のサシカエ素材」の意識があるのは間違いない。不祥事報道があった時に売らんかなの呑気なCMを出し続ければ叩かれることは確実だからだ。

当時は、あれだけの大災害でしかも福島第一原発事故まで進行中のなか、とてもではないが普段通りのCMを流すような社会状況ではなかった。だからこそ、多くの企業が公共性の高いACに差し替えたのだ。もちろんCM料金を支払うのは元々その枠を押さえていた企業である。テレビCMは時に社運をかけて出稿することもあるほど、重要なものだ。いわば泣く泣くの「横並び大自粛」だった。

この頃はネットでも、少しの贅沢をするだけで叩かれるような空気が充満していた。たとえば、乙武洋匡氏は「お酒を飲みに行きたい」という内容をツイッターに書いたところ、「不謹慎だ」と叩かれた。普段の生活をちょっと綴るだけでも、「家を失って避難所生活で寒い思いをしている被災者の気持ちを慮れ！　不謹慎だ！」と批判されるようなありさまだった。一個人でさえ、こうして「横並び自粛」の渦にのまれていたわけだ。サザンオールスターズも大ヒット曲「TSUNAMI」を歌える状態ではなくなった。であれば客商売をしている企業はなおさら、気を遣ったことだろう。

そんな状況だっただけに、ACのCMだらけのテレビは4月になっても変わらなかった。だが、震災から1ヶ月以上が経過すると批判の対象になりかける。「ACのオンエア回数が多過ぎだ！」というのは、実際多くの人が思っていたことだろう。他方で「東北の食材を食べて応援」や「被災地で消費」といった掛け声も出ており、そろそろ通常運転に戻ってもいいのでは……という声もあるにはあった。

問題は、誰がその先頭を切るのか、だった。当時の広告業界では「他の会社の様子も見て……」という日和見主義でCMを流すかどうかの判断をしていた。宣伝マン同士が会ったり、担当クライアントの異なる広告代理店の営業マン同士が会ったら「いつ元に戻しましょうかね……」と相談し合う姿も見られた。

そして4月20日、エステーがついにCMを流す。

外国人の少年が丘を背景に「ラーラーララー」と歌う。少年はどこか悲しげな表情をしており、ただ歌っているだけである。そして、最後に「ショウ、シュウ、リキ～」と日本語で歌い同商品のロゴと商品写真が登場。続いてお決まりの「エステー」のサウンドロゴとともに同社のスローガンである「空気をかえよう」の文字が出た。

これは大反響を呼んだ。重い空気が流れる中、何やら悲しげなCMが始まったと思ったら最後に「消臭力」という消臭剤の宣伝であることが分かり、人々はズッコけたのだ。「ホッとした」という反応も多かった。

前述の鹿毛氏は、このCMを流した意図を「日常に戻ろう」だったと話した。ニュースサイト「夕刊ガジェット通信」に掲載されたインタビュー記事で、次のように語っている。

「このＣＭでは震災については全く触れていません。今は何を流しても『偽善だ！』となってしまいます。それは仕方がありません。いくら応援コメントを出そうがＣＭしている時点で偽善にはなる。だからこそ『偽』の幅を極力小さくする必要があります。今回のＣＭは震災後に撮影したものですが、当然企画は当初のものから変わっています。ただし、制作陣から『私たちは今まで通り視聴者を笑わせなくちゃいけないし、内容もど真ん中ではなく、はずさなくちゃいけないです。それでメッセージを送る。これがエステーの文化ですよ！』と言われたのですね」（２０１１年4月20日、「震災後　企業ＣＭはどんな表現・時期に流すべきか宣伝部長苦悩」より）

そして、震災で傷ついた人の心を乱さぬよう当初の企画を変更するも、「日常に戻ること」の重要性を以下のように語った。

「（中略）消臭力の歌を堂々と歌う。ここで言いたいのは『被災者頑張れ、ニッポン頑張れ！』ではなく『日常の生活に戻ろうよ』ってこと。多分これが震災から1か月経ち、被災者以外のテレビを見ている・買い物をすることができる人に向けたメッセージであるべき」（同）

ちなみにＣＭは１７５５年に大津波の被害にあったポルトガルの首都・リスボンで撮

影したものだという。様々な偶然はあったものの、鹿毛氏は「ポルトガルが呼んだ」と表現した。

ネットの論理に合わせる

こうしてエステーは「一抜け」をし、その後多くの企業も続々と通常のCMを流すようになる。そしてエステーのCMは「震災後コミュニケーションの代表例」と捉えられるようになった。それは次のような展開を見せたからだ。

ネット上ではCMに登場したポルトガルの少年・ミゲルをマネし、「ラーラーララー」と歌う人が続出していた。ユーチューブやニコニコ動画に様々なバージョンの歌が公開されるほか、ミゲルの画像を加工する人も登場。これに対して鹿毛氏や同社は一切著作権等の権利違反を主張することもなければ、むしろ話題にしてもらっていることを喜ぶツイートを繰り返したのだ。

これは完全に「ネットの論理」に企業人が合わせている。ネットで企業が人気者になったり、良い交流をするにはこの姿勢が必要なのだ。原則論ではこうした投稿は著作権法違反だろう。だが、こうした動画がネットに上がることを是とし、むしろ感謝する姿勢は多くのネットユーザーの共感を得た。

別に、ネットユーザーが勝手し放題することを許せ、と言っているわけではない。悪意がない場合は、一緒に楽しむくらいの姿勢を見せた方が後々トクするということだ。悪意がある場合は、無視すべきだし、ツイッターであればブロックをしても構わない。名誉毀損などをされたのであれば、訴えてしまっても良い。これもネット上の作法である。企業だからこういったことをしてはいけないということはない。

こうしてツイッターのフォロワーを数千人規模で増やした鹿毛氏の元に、とあるメッセージが送られてきた。ここから同氏はソーシャルメディア上の交流を活発化させ、仕事に繋げていくのだ。

メッセージを送ってきたのはミュージシャン・T．M．Revolutionこと西川貴教のファン。西川が「消臭力」の歌を舞台裏でコピーしたとツイッターにつぶやいたことを鹿毛氏に知らせたのだ。鹿毛氏はすぐに西川本人にツイッターで連絡を取る。西川は「え！CMの依頼ならいつでも待ってます！」と返事を出す。2人の交流は始まり、その後鹿毛氏はライブの西川の楽屋を訪れ、西川の出演が決定。千葉県で行われた西川のライブの特別ゲストとしてミゲルが登場し、その時の模様が「夢の共演」篇と題された1分CMとなった。この一連のCMは2011年8月度のCM総研の好感度ランキング2位を獲得する。

このような状況になれば、フォロワー数50万人を超える西川のファンにとってもエステーと鹿毛氏は「仲間」となる。その後はお笑い芸人のなだぎ武も消臭力の歌が好きなことをツイッターで明かし、鹿毛氏はなだぎとミゲルの共演CMを作るに至る。

2011年4月のCM開始以来、消臭力の売り上げは絶好調で、売り上げでライバル企業の商品を抜き、消臭剤1位になったこともあると鹿毛氏は語っていた。

もちろん、最初のCMの出来栄えが良く、多くの人の心に響いたことがヒットの要因なのは間違いない。だが、鹿毛氏が積極的にネットニュースの取材を受け、自らも情報を積極的に発信し、「会社員がこんなことしていいのかな……」と迷うことなく西川やなだぎ、そして西川のファンとも交流したことにより、消臭力現象ともいえるものが発生したのだ。NHKの堀氏、エステーの鹿毛氏――2人とも組織人としての立場はありながらも、ネットの人に対して、人間味あふれる姿を見せ、真摯に対応してきた。これが今の人気に繋がっているのである。

こうしたネット上の人々の特徴を押さえた上で、企業はキャンペーンをやるべきだし、広告活動を展開すべきである。一般の人が思っていることは「自分が得したい」ということであり、「この会社のファンになりたい」ではない。２０１１年以降、様々な企業がフェイスブックでキャンペーンを展開したが、多くは「いいね！」を押すとそのキャンペーンに参加したことになり、その時は一度その公式ファンページへ行く。だが、その後継続的に行くには、やはり常に面白い・役立つ情報が発信されるようなインセンティブが必要だろう。

だからある企業が、高い金を払ってフェイスブックのファンページを外注したとする。その場合、「いいね！」やフォロワーが増えずに担当者は困ってしまうという事態が容易に想像できる。「やっべー、部長に報告できないよ……、どうしよう」と。

当初は「ユーザーとコミュニケーションを取りたい」と考えていたのに、力不足と運不足とカネ不足のため、コミュニケーションを取るどころか注目してくれる人も少ない。そりゃそうだ。こうしたソーシャルメディアの運用は「とりあえずやる」ことが目的で、コミュニケーションを取ろうと考えているわけでもない。それで見せかけだけの結果を出そうと、フォロワー購入サービスに走ってしまったりするのである。

かくして今日もソーシャルメディアの運用に頭を悩ませる企業の人々が日本中でどう

しようどうしよう……と嘆いているのである。

なにせ、ネット上のコンテンツは日々増加しているため、見られる可能性はより少なくなっているのだ。人間の時間は有限なのだから、もはやネットの世界はあまりにも激しすぎるクリック競争世界である。そんな猛烈に厳しい場所に参入しているワケなので、コストパフォーマンスの観点からも、ムリしてソーシャルメディアを使った取り組みをしなくても良いのだ。その際の「真剣度」は次のような具合でいいのである。

迷ったら「キャラ」で乗り切れ

とある食品会社・Yの仕事で、GREEのGREEコインが当たるキャンペーンに携わったことがある。マーケティング界隈では、既にフェイスブックブームが到来していたが、フェイスブックのファンページを作るより、GREEコインのキャンペーンが最も効く、とスタッフやクライアントとの協議の末採用されたのだ。GREEとのタイアップをすると、その会社は「公式ページ」を持つことができ、そこでは契約期間の間、日記を書くことができるようになる。ページは「公式」というやや特権階級的なカテゴリーに属することになり、更新された場合などに会員に更新情報を伝えてもらえたりする。

こうした「優遇日記」を書かせてくれるのもオイシイと判断したため、そのページの運用もすることとなった。だったらどんな運用をすればいいのか、という会議が開催されたなかで私はこう話した。

「過度な期待はまずしないでおきましょう。『友だち』（ミクシィのマイミクのようなもの）が増えたら増えたでいいですが、そこまで増えなくても別にヘコまなくていいし、コメントが少なくてもそこまで問題視しないでいいです。何よりも重要なのは、この特権が与えられたわけなので、とりあえずはやることです。あと、本業を持つ担当者が疲弊するのがもっとも本末転倒なので、担当者には『まぁ、楽しくやってくださいよ』というくらいの気持ちで皆さん接してあげたほうがいいです。仮に炎上したとしても、皆で慰めてあげましょう」

こんな気持ちを皆で共有した後に、どんな日記にするかの検討に入った。Yに関する情報を詳しく紹介するナビゲーター風の担当者が登場する、という案もあったが、Yのターゲットは中高生なだけに、「アニキキャラ」がいいのでは？　と私は提案。「Yアニキ」という名前で、語尾は「だぜ」にして、ちょっぴりドジでモテない24歳男性のキャラにしてはどうかと話した。

キャラを作ると、実はけっこう日記が書きやすくなるのだ。花見の季節であれば「花見に行ったぜ」「晴れてて嬉しかったが、ビール飲みすぎたぜ」などと、書くことができる。「花見に行きました」と「花見に行ったぜ」だと後者の方が人の興味はひくし、その語尾を真似してくれる人も登場する。ドジでモテないキャラであれば親近感も湧く。普段はアニキとして様々な社会人の掟(おきて)や、Yに関することを教えてくれるも、時に落込んで読者に弱みを見せる——こうした人間くさいキャラにすることで、担当者も楽しんで更新できたという。「友だち」の数も7万人を超え、最終回の更新の時はお礼と「また帰ってきてね!」の声が殺到した。Yアニキの「中の人」は楽しんでやっていた、と担当者からは聞かされた。それでいいのだ。「中の人」をやる時は、こうした大雑把な方針を作ったうえで、NG事項を守るだけでいい。この時のNG事項は「人の悪口を書かない」「競合商品を悪く書かない(ただし、ホメるのはOK)」「『お前』などといった乱暴なことばは使わない。『みんな』と言う」程度だった。

こうしたソーシャルメディアを企業が運用する場合に気をつけたいのは、チェック体制を簡略化することである。一時期、他社のツイッターを代筆する仕事をしていた際には、こんな流れでようやくツイートができていた。

①会議で方向性が決定↓　②1ヶ月分のツイートを2週間前までにすべて提出↓　③担当者チェック↓　④上司チェック↓　⑤さらにその上の上司チェック↓　⑥私のところに戻り、ツイートをすべて修正↓　⑦担当者チェック↓　⑧上司チェック↓　⑨さらにその上の上司チェック↓　⑩内容決定

このやり取りに2週間もかかるのである！　それでいて、検閲が多過ぎてあまりにも無難な内容になったためこれらのツイートがまったく拡散しないし、フォロワー増加にもそれほど寄与しない。これだけ力を入れても、である。

その一方、面白い話を聞いた。その人は、普段からBtoB企業（主に企業相手のビジネスをする企業）のツイッターIDの「中の人」をやっていた。基本的には、会社の情報を真面目に報告するだけである。「○○が新発売」「○○セミナーやります」といった形のものだ。そして個人的なツイッターIDは別に持っていた。ところがあるコンサートに行った際、彼は会社のIDをログアウトするのを忘れたまま、スマホで「Z（アーティスト名）のライブなう」と一言だけツイートしてしまったのだ。すると、このツイートがものすごい勢いでRTされ、フォロワーも激増した。ツイッターの場でもクソマジメなことばかり言っているサラリーマンが人間臭いところを見せたことが逆に評価さ

れたのである。会社からは特に怒られなかったという。それでいいのだ。

というわけなので、ソーシャルメディアでは考えに考え抜いたことをやるよりも、ひょんな思いつきが功を奏すこともある。企業の人は無理せず、楽しく運用をして欲しい。

UHA味覚糖が選んだ〝ステマ〟販促

ネットを使う時に人々が考えるのはあくまでも自分が得するか、或いは楽しめるかのどちらかである。そのことが企業にも分かってきたのか、ネットユーザーから好まれる企画も次々と生まれるようになってきている。その好例を最後に紹介しておこう。

これは他ならぬ「ステマ騒動」を利用したものだ。仕掛け人はお菓子メーカーの「UHA味覚糖」で、2012年10月に打ち出した「GGステマ党」は新商品「グミガーム」話題化のため、「ステマ」を堂々と宣言するというしたたかさを見せたのだ。

時はおりしも日本維新の会の立ち上げがあり、新党に対する関心も高い時期だっただけに、時流にも乗っていたといえよう。

同社はネットユーザーが「GGステマ党」に入党するにあたり、グミガームを広げられるだけの「高いステマ能力」を持つこと、ソーシャルメディアで商品をホメることを求めた。記者発表には元衆議院議員の杉村太蔵とモデルの佐藤かよが登場。

議員時代に「料亭！　料亭！」発言をした杉村がいるというだけで、この企画がフザけていることが分かるが、サイトではさらに露骨に「このサイトはＧＧステマ党へ入党していただきグミガームをステマしてもらうサイトです。それでも先に進みますか？」と確認してくる。ただし、「いいえ」は押すことができない仕掛けになっている。

記者会見はもちろん、キャンペーンの模様もメディアに取り上げられ、ネット上では書き込みが相次いだ。多くの人が同党のフザけた党則を書き込むなどしてこのバカらしさを楽しんだのだ。これは、ＵＨＡ味覚糖がネットユーザーの嗜好やネットの空気をよく読んだ結果生まれた企画だろう。

ネット選挙の行く末

本章では企業とネットの関係を見てきたが、今後、ネットと上手に付き合う必要性が高まっているという点では、政党も同様である。

２０１３年の参議院選挙から解禁された「ネット選挙」だが、事前からマスコミは盛り上がりを見せていた。解禁により選挙活動のコスト削減が達成され、若者の投票率が向上し、さらには政策の理解が向上すると期待された。その一方で、「なりすまし」横行やSNS中毒候補者が登場して通常の選挙活動に支障がでるとの予測や、醜いネガティブキャンペーンの横行が懸念された。

本稿を書いているのは、まさに「その前夜」であるため、参議院選挙の結果について書くことはできないが、「ネットを上手に使いこなす政党・候補者」とそうでない政党・候補者がいることは明確になっている。

前者の代表は安倍晋三首相である。一時期、〝愛国者〟(次章で詳述)を過度に利用してはマスコミや民主党批判をしていた。2012年の秋頃は、自身に対してネガティブキャンペーンを行っているとして、〝愛国者〟に進軍ラッパを吹くかのようにメディア批判をし、テレビ局の視聴者センターの電話番号をフェイスブックに明記し、あたかも電凸を誘発するようなことをしていた。さすがに総理になってからはこうしたことをあまりしなくなった。その代わりに、遊説先で子供達に囲まれる写真を掲載したり、静養先で見つけた迷子犬の貼り紙を紹介して情報提供を呼びかけたり、自身が表紙になった英国の雑誌の表紙を紹介するなど「頼りになるリーダー」「国民目線のリーダー」を印象づけようとしている。

後者の代表は民主党の一部議員だが、２００９年の政権交代時に大風呂敷を広げたものの内部分裂を繰り返したグダグダ状態を国民に見せつけた点からすると致し方ない。だが、やや可哀想な点もある。というのも、民主党は鳩山由紀夫氏の「東アジア共同体構想」などもあり、ネットでは「売国政党」扱いされている。そのため、何を言っても〝愛国者〟から「半島にお帰りください」などと言われ、叩かれるのである。

ネットではこうした「空気」がいつの間にか醸成され、イメージがついてしまう。参議院選挙での民主党の闘い方はこうした「空気」をいかに変えるかにあった。「あれ、意外にまともなこと言ってるじゃん」「他の野党よりかは政権経験あるだけにまだマシかな」といったイメージを与えるような戦略をとろうとしているように見受けられる。

だが、ネット選挙が騒がれているほど国政選挙に大きな影響があるかといえば、それには疑問符が残る。私はある参議院選の地方候補者と話をしたのだが、「まだ、高齢者が重要な集票のターゲットなだけに、結局は選挙カーでの名前連呼が一番効く。ネットをよく使う若者はそんなに選挙行かないでしょ？　現時点で国政選挙にネットはそこまで影響はない」と語っていた。これは彼も熟考した上での分析だろう。

しかしながら、私は地方の市議選レベルであれば、ネット選挙は案外効果を発揮する可能性はあると考えている。市議選などは数百票の得票数で当選でき、当落線上の差は数票ということも多い。それならば、たとえば若い候補者が登場し、積極的にネットで情報発信をした場合、「あれ、この人、オレとあまり年齢変わらないじゃん。年寄り議員にオレの人生を決められるのもイヤなんで選挙行くか」となることは想像できるからだ。こうした形で数十票の上乗せができれば当選の可能性は高くなる。

また、若者が多くリベラルな雰囲気のある都市部の区長選に関し、選挙とネットに詳しいとある人物はこんな見解を述べていた。

「ツイッターで数万人規模のフォロワーを持つネット上の有名人などが出馬した場合に、その区に住むフォロワーは確実に投票してあげるでしょう。さらには、『この人を応援してあげよう』と考える熱心なフォロワーがもしかしたら数パーセントでも住民票を移してくれるかもしれない。人口の少ない東京都千代田区なんて案外ネットの人気者が区長になれるかも」

私もこれは妙に腑に落ちた。

話は冒頭の「コスト削減」に戻る。国政選挙の場合、多分ここ数回はコスト削減効果は見られないだろう。なぜなら、ネット選挙解禁は、これまでのマス広告に加え、ネットでの告知活動にカネがかかることを意味するからだ。当然候補者・政党だけでネット選挙活動ができるわけもないため、業者に発注する。かかる費用の内容は「ネット上の論調分析・戦略立案」「ＳＮＳへの書き込み代行」「ＨＰ制作」「ネット炎上対策勉強会講師」「炎上発見時の鎮火作業」「ＳＥＯ（検索エンジン最適化）対策」など多岐にわたり、いずれもかなりの額がかかるからである。だから２０１３年の参議院選挙はまさにＰＲ会社と広告代理店にとっては「特需」が来たような状態である。

２０１３年のネット選挙はこのような状態だが、ネットが多くの国民にとって「さらに当たり前のツール」になった時、大きな影響を持つのではないだろうか。今はまだその移行期である。

第8章　困った人たちはどこにいる

自己承認欲求が強い人

ネットを使えることがこれだけ当たり前になったにも拘わらず、「ネットは特別」と言い続ける人々がいる。その代表格を3つほど挙げてみると、①過度な自己承認欲求を持つ人、②〝愛国者〟たち、③ネット界の「エヴァンジェリスト」（笑）だ。狙いはそれぞれ異なるものの、彼らは「ネットはほかのどんなツールとも違う特別な存在であってほしい」と願って今日もネット上で積極的に情報発信をし、その可能性を探っている。もちろんそれは自由なのだけれど、往々にして少々困った事件を起こすこともある。以下、それぞれについて見ていこう。

まず、①自己承認欲求が強い人。

ある26歳男性ニートは、義父のカネを2000万円ほどFXに注ぎ込み、失ってしままった。ここまでは、よくある話ではないかもしれないが、あり得ない話ではない。ある日彼は外食をするために母親から３万円を借りようとしたところを義父に見咎められ、「働きもしねぇで何カネ借りてるんだ！」と怒鳴られる。あり得ないのは、その様子を彼がニコニコ動画で生中継したことだ。

ニコニコ生放送をする人物は「生主（なまぬし）」と呼ばれ、若い人が多い。そして彼らは顔出しはすることがあるものの、基本的には実名でなくハンドルネームを使う。これは「匿名」の延長である。こうした人々は視聴回数が多かったり、「おもしろい」と言われたりすることに生きがいを見出している。この男性ニートはその１人だったのだ。

動画からは、殴る音や母親が制止する声などが聞こえてくる。開始から約５分後、突然この生主が画面に登場。鼻の下から血を流し、首にも引っかき傷とアザのようなものがあり、血が滲（にじ）んでいる。惨状を視聴者に伝えたうえで、この生主は１１９番通報をし始めた。こう通信指令員に冷静に伝える。

「なんていうんですかね、死ぬぐらいの勢いってわけじゃないんですけど、ケガが、ある程度ひどいと思うんですよね。それで、……ボクなんですけど、ボク26なんですけど、ケンカみたいになってですね、それで首のところをひっかかれて傷跡とかがけっこうひどいんですよ。見た感じけっこうヤバい感じなんですよ。別に死ぬみたいな勢いじゃないんですけど、こういう場合でも救急車って来ていただけるんですか」

妙に冷静で淡々とし過ぎているため、消防は「自分で来られないのか」と聞いたのだろう、生主は免許がない旨などを伝え、なんとか救急車が来てくれることになった。

生主はカメラに向かって病院でも中継を続けることを発表するも、「救急車でパソコンってマズいかな……」と問いかけるのである。FXで2000万円を失ったことや、母親からお金を借りようとしているところ、大ケガを負っている様子、救急車を呼ぶ様子をいちいちネット上の視聴者に報告するところが自己承認欲求丸出しだった。

視聴者にとって、彼の行為はただの見世物に過ぎないし、彼自身もこれで何ら得はしていない。目立って多くの視聴者を獲得したとはいえ、さすがにこれはお金には替えることが出来ない。

それでもこういう行動に出るのは、結局のところ自己承認欲求が満たされるからに過ぎない。多くの人が注目してくれた。それだけで満足なのだ。要するに目立ちたがり屋にとっては、ネットは特別なツールであるし、これからもそうであり続ける。

ネットで一発逆転したい人々

誰もが実名ベースの場で情報発信を始めると、「頭がいい人」「センスがいい人」「いい人」扱いをされたがるようになることは前章までにお話しした通りだ。これはこれで気持ちいいものだが、匿名の場でも承認欲求が高まり過ぎると、ついには暴力沙汰やら犯罪にまで発展する例も出てくる。彼らはあまりにもサービス精神が強過ぎ、自分にとっては不利になることであろうと、ネット上の活動を徹底的にやり続けてしまう。

26歳ニートの例は目立ちたいバカによる典型例だが、見知らぬ不特定多数から感謝されたいが故にやり過ぎてしまうバカもいる。彼らは「神」と呼ばれたいのだ。

２００９年、高校生がＰＳＰ用のゲームをダウンロードし、それを７人に配布したことで「みんなのゲーム屋さん」と呼ばれることになったとブログに書いた。もちろん違法である。ネット上で「（親切な）神」として扱われたが、本名を特定して通報しようとする動きも出て騒動となった。また、２０１２年10月には、企業などを装って他人のＩＤやパスワードを盗みとる、いわゆる「フィッシングサイト」のプログラムを提供した14歳の男子中学生が書類送検された。「注目を集めたかった」「自己顕示欲でやった」と語ったという。彼としては、自分の「教え」を受けて違法行為に成功した人々が出たところで、自分の実績になると思ったのだろう。もはや一般常識からかけ離れている。

〝愛国者〟たち

②の〝愛国者〟たちは、基本的には「韓国・中国を極端に嫌う人」と言い換えることができる。「新・ネットで叩かれる12ヶ条」の中に「韓国・中国をホメる」ことは避けたほうが良いと記したが、それはこの人たちが激昂するからである。

彼らの活動歴も結構長い。きっかけは、2002年のフジテレビ・『27時間テレビ』に対して抗議の集団行動が行われた。きっかけは、FIFAワールドカップ日韓大会で「八百長をしまくってアジアサッカーの地位を貶めた韓国を礼賛したフジテレビに抗議する」ことだ。3位決定戦・トルコ対韓国で親日国家・トルコの表彰シーンを同局がオンエアしなかったということで、2ちゃんねるではアンチフジテレビの流れが生まれた。そこに、同局の『27時間テレビ』の「湘南1万人のごみ拾い」という企画を潰そうとする提案が持ち上がったのだ。ジョークのノリも含め多数の人が参加し、フジテレビのゴミ拾いが始まる前にすでにゴミが海岸からなくなっているという状態を作ることに成功した（一応、中継は行われて、ゴミ拾いのようなことをする人たちは映し出されたらしいが）。

ちなみに、この時の呼びかけは、２ちゃんねるの掲示板上で行われて成果を上げたわけだが、現在ならばツイッターが使われ、さらに多くの人を集めることが出来ただろう。ツイッター登場以降、明確に変わったのが「動員」である。津田大介氏は著書『動員の革命　ソーシャルメディアは何を変えたのか』（中公新書ラクレ）で、これまでは情報収集や交流に使われていたネットが、「アラブの春」に端を発する中東のデモに始まり、「韓流偏向」に異を唱える２０１１年の「フジテレビデモ」など、現実の「動員」を生むツールになったと論じた。

毎週金曜日に官邸前で行われるのが恒例となった脱原発デモについてのアンケートでは、ツイッター等ネットで見た情報がきっかけで参加した人が多数だったという。具体的にはツイッターが37％、人づてが18％、ウェブが20％、フェイスブックが10％、テレビが４％、団体告知が３％、新聞が２％、その他（メール、ブログ、ラジオなど）が６％だった（「情報拡散ルート研究会」の調査　２０１２年６月29日）。

その後も全国各地で「日韓断交デモ」や「大飯原発再稼働反対デモ」「代々木公園脱原発デモ」などが発生したが、多くの場合は「ネットによる動員の革命」があったといえよう。

フジテレビは「韓国好き」か

フジテレビデモに話を戻そう。2011年8月21日、私は前述した津田氏とともに現場にいた。5000人は参加したとされるこのデモ、私たちの感想は「こりゃすげぇや……」だった。実はこの日のデモは2回目。初回は同月7日で参加者は250人、あるいは500人だったとの説があり、具体的数字は分からないが、どちらにしてもそれほど多くはなかった。

だが、フジテレビに対してデモが行われた、という事実が一度できたことで潮目が変わる。積極的にその日の模様がネットに書き込まれ、「まとめwiki」と呼ばれるデモ情報掲載サイトにはすぐに2回目のデモが21日に行われることが告知された。参加表明する人も続出、「これはもしかしたらすごいことになるかも……」という予感があったため、取材に行ってみたのだ。その日は私の誕生日ではあったが。

スタート地点である青海北ふ頭公園はギッシリと人で埋まっていた。最初の一隊が出発してから最後の一隊が出発するまでには恐らく30分ほどかかっただろう。それほどの動員が達成されたのだ。ゴール地点の潮風公園まで約50分、人々は後から入ってくる人をハイタッチで迎え入れていた。いずれも何かをやりきった満足げな表情であった。津田氏はこう言った。

「家で引きこもっていると思われていた人がこうして外に出て来たということは、画期的なことだ」

かつて堀江貴文氏が「ネットとリアルの融合」を唱え、フジテレビ買収を仕掛けたが、まさかフジテレビもこんな形で「ネットとリアルの融合」が達成されるとは思ってもいなかったことだろう。

さて〝愛国者〟たちの勢いは止まらない。フジテレビデモは、さらなる展開を見せた。人々の怒りはフジテレビのスポンサーに向かい、CM最大手とされる花王が槍玉にあがったのである。花王には電凸が殺到し、「花王はフジテレビを支援するのをやめろー」などとデモ隊がシュプレヒコールをあげた。その「罪状」を並べたチラシも撒かれた。この様子はニコニコ生放送やユーストリームで生中継され、現場に行けなかった人も自由に感想を書き込めた。また他の企業も「反日」として扱われ、軒並みデモが発生する。

また、女優キム・テヒをCMキャラに採用したロート製薬もデモを起こされた。彼女が過去にスイスで「独島（竹島の韓国名）は韓国領」と書いたTシャツを着用したことが明らかになったのだ。起用に反対する市民グループがロートを訪れ、降板させるよう脅したとし、4人が強要容疑で逮捕される事態になっている。キム・テヒの来日イベント・記者発表会を中止としたものの、ロートは「反日企業」としての烙印を押されたままである。

とんだとばっちりの例もある。Jリーグの清水エスパルスは、ロンドン五輪終了後の8月に韓国五輪代表のキム・ヒョンソンの獲得を発表。すると抗議電話が殺到した。これは発表のタイミングが悪すぎた。よりによってその数日前に、李明博大統領（当時）が竹島に上陸していたのである。

こうした集団行動を個人的には評価しているわけではない。むしろここに挙げた例は〝愛国者〟たちの激しすぎる思い込みによる愚挙であり、営業妨害に他ならないと思っており、あくまでもネットが動員をうながした例として紹介したに過ぎない。

私が彼らを〝〟付きで呼ぶのは、その姿勢が「嫌韓」「嫌中」ありきの〝愛国〟だからだ。『ウェブはバカと暇人のもの』以降、この「嫌韓」の加速はかなり重要な問題となっている。何せ、もはやネットで韓国のことを一言もホメられないのだ。ホメたり書いたりすれば、何らかの影響が出るのは間違いない。私はそれを身をもって経験している。

　前述したフジテレビデモの名目は「韓流に偏向するフジテレビに抗議すること」だったのに、現場ではなぜか「韓国人は帰れ」のような排外主義的発言も聞かれた。これについて私は朝日新聞の取材を受け、次のようにコメントした。

「韓流のソフトは安く、視聴率もそれなりに取れる。テレビ局は経済合理性で動いているだけだろう。『偏向』と批判する前に、ネット上の都合のいい情報しか信じない自分たちの方が偏向してないか自問してほしい。義憤に駆られているのだろうが、結局、暇で韓国が嫌いな人たちに見えてしまう」

　このコメントが大炎上を招いた。私のことを叩く2ちゃんねるのスレッドが乱立し、一時期2ちゃんねるのスレッドの速さ（書きこまれるスピード）で1位を獲得するほどであった。そして、私自身は「在日韓国人」認定をされ、その後行う予定だったライブハウス・阿佐ヶ谷ＬｏｆｔＡでのトークイベントには爆破予告が来た。

嫌韓気分

　彼らにとっては韓国が少しでも何かのランキングで上位に来たりするだけで嫌悪感を

もよおし、叩きの対象とするのだ。こんな例もある。

2011年6月6日に農林中央金庫が発表した「子どもの食生活の意識と実態調査」(対象・400人)で「好きな給食メニュー」の1位が「カレー」で2位は「あげパン」、3位が「キムチチャーハン」となった。この結果に対し、2ちゃんねるでは非難が殺到。「給食にキムチなんか出たことないが」「そもそも献立にそんなものがあることがおかしい」「拒否できない子供たちにゲテモノ料理食わせるのはやめよう」「在日は給食費払わないのに在日意識してキムチ出すのか」などと書き込まれた。

とにかくランキングに「キムチ」があるだけで嫌悪感を覚える人が多いのだ。だが、数字を見てみると、それほど目くじらを立てる必要はなさそうな調査結果であり、彼らの主張は陰謀論の域を出ない。というのも1位のカレーは66票、2位のあげパンは42票と圧倒的。3位のキムチチャーハンは17票、そして4位のラーメンは16票でわずか1票差なのだ。もし、ラーメンが上回っていたらここまで話題になっていなかっただろう。「3位」だから問題視されたわけだが、「たった1票差」ということさえチェックすることなく「子供のうちから洗脳しようとしている」といった妙な陰謀論になってしまう。

〝愛国者〟たちは、自分にとって都合の良い情報ばかり信じる傾向がある。花王に対し、デモが何度も行われたが、その後でたまたま株価が少し下がったら「デモの効果が出た」と言い、売り上げが前年同月比で減れば「じわじわ効いてるぞ」と大喜び。フジテレビ、花王、ロートに対してデモが行われたことを知っている国民がどれだけいるかを調査したら、相当少ない数の人しか知っていると答えないだろうし、ましてやその理由を知っている人はさらに減るだろう。フジテレビデモについて知り合いのアメリカ人と喋ったところ、こんな会話になった。

――フジテレビに対してデモがあったんだ。５０００人も来たらしいよ。

「なんでテレビ局？　生活にどう関係あるの？」

――韓国に偏向した放送が多く、これは国にとって良くない、公共性があるから、と与えられている放送免許を剝奪すべきだ、と言ってる。

「普通、デモって民主化とか、賃金値上げとか、反原発とか、政権打倒とか、生活や命にかかわるほどのものに対してするものじゃないの？」

――まぁ、そうかもしれないけど、彼らにとって、韓国人が多数テレビに出ることは日本国民にとって危機なのだとか。

「別にアメリカ人だって日本のテレビに出てるでしょ？　それはいいの？」

——それについては特に触れられていなかったよ。

「要は『観たい番組を観せて！』ってことなの？」

——まぁ、そう解釈する人もいるだろうけど、彼らにそんなことを言うと怒られるよ。もっと高尚な意図があると思っているわけだから。

2013年、東京・新大久保や大阪・鶴橋で「嫌韓」デモが過激化している。ここでは「朝鮮人を殺せ」や「朝鮮人をガス室に送れ」「南京大虐殺ではなく鶴橋大虐殺を実行する」などといった過激な発言が展開されている。これに対して、「仲良くしようぜ」というプラカードを掲げる人が路上に登場したり、これらデモ隊に対し「レイシストは帰れ」とカウンターの罵声を浴びせる人も登場するようになった。

さらには、民主党の参議院議員・有田芳生氏らを中心としてこれらの排外主義的なデモとヘイトスピーチ（憎悪発言）を取り締まるための法整備をすべきでは、といった問題提起も国会内でされるようになった。しかしながらこうした発言をするだけで〝愛国者〟から「朝鮮に帰れ」「この極左の反日活動家はさっさと半島に帰れ」といった批判が来るようになっている。まさに、「言論弾圧」である。自分たちの気にくわぬ発言をする人間は全員が「敵」であり「在日」である。ここら辺の事情については安田浩一著『ネットと愛国　在特会の「闇」を追いかけて』（講談社）や安田浩一・山本一郎と私との共著である『ネット右翼の矛盾　憂国が招く「亡国」』（宝島社新書）に詳しく書いてある。当然我々３人はネット上では在日韓国人だということにされている。

彼らの在日認定っぷりは妄想の域に達しており、私のツイッターのＩＤが「unkotaberuno」というテキトーにつけたものについても「『うんこ食べるの』ってことは在日韓国人だ！　その証拠が強化された！」とやるのである。というのも、彼らは韓国に人糞を発酵させた「トンスル」という酒があると信じており、「ホンタク」というエイを人糞につけたものが韓国人からは好かれていると信じているからである。

こうした「自分達にとって都合悪いことは全部在日のせいにしてしまえ」という目で、日々のニュースの登場人物もスポーツ選手も判断しようとしているのだ。

長々と〝愛国者〟について語ってきたが、こうした流れがネット上で起きており、彼らが一大勢力となって政治家もメディアも、企業も、そして多くのネットユーザーにも影響を及ぼしている事実があるので、ご理解頂きたい。

こんな言葉で検索をして欲しい。いかに彼らの言論が強いかが分かるだろう。「ネットで真実を初めて知った」「マスコミが報じない」「在日　犯罪」――こうしたキーワードから辿りついたページに貼られた文章を読み、さらにはそこから確証バイアス（妄想を補強するための証拠を集めること）で収集された情報満載のリンクを踏み、「在日って日本でこんなひどいことしていたんだ――。もうマスコミは信じられない！　ネットにしか真実がない！」と思いこみ、〝愛国心〟に目覚めるのである。

〝愛国心〟に目覚めた人のなかには、韓国が日本を支配しようとしている……と妙に大きすぎる陰謀論を信じたがり、自らの仕事が手につかなくなったり、確証バイアスに基づく発言をし続け、バカ扱いされることにもなる。まぁ、彼らは完全に洗脳されているようなところもあるため、「あのさ、そんな陰謀なんてないんですよ……」と言ってももはや聞く耳を持たず「お前は韓国からいくらもらってるんだ！」「ネットをちゃんと見ろ！　真実をお前は知らない！」と言われてお仕舞いなので、私はもう彼らには何も言う気はない。だが、ネットは確実に偏向した考えを持たせることが可能になる。同じ嗜好の人たちが集（つど）いやすいため、それ以外の考えに目が向かなくなってしまう傾向が強い。

情報化社会においては、情報の取捨選択が大事だ、などとよく言われる。しかし考えずに取捨選択したら好きなネタしか自発的にクリックしないのは自明の理である。よく、ツイッターで「タイムラインが○○だらけだ」と書く人がいる。それは、たとえば私が相互フォローをしあっている広告やマーケティング、ＩＴ系の人の場合だと、「アドテック」という広告関連のイベントの話題ばかりが一時期流れていたことがある。２０１３年５月７日０時、私のタイムラインの話題が一斉にその日オープンした米国発のニュースサイト「ハフィントン・ポスト」の日本版開始の話題だらけになった。しかし、ドラマ好きの人ばかりフォローした別のタイムラインでは、まったくこの話題は出なかった。

ネットがあるから多様な意見を知ることになった、という主張は嘘である。特に、自らフォローしたい相手を選べるツイッターは、心地よい情報だけを入れることが可能になった。だからそうして、彼らは、マスコミの偏向報道の歴史や、在日韓国人にまつわる噂やらを信じ、確証バイアスを強めていく。

ツイッターは、「狭く深く」知るには向いているツールなのである。だからこそ、ツイッターをやるにしても、複数ＩＤでまったく異なる人をフォローすべきだし、ネット以外のマスメディアに積極的に触れるべきなのだ。せっかく多様な意見をネットでは知ることができるのだから、もっと幅広い範囲をウオッチするべきなのだが。

ネット界のエヴァンジェリスト（笑）

これまでネット関係で出た書籍を見てみると、ほとんどがネットの明るい未来と誰もが情報発信できることの素晴らしさを説く書ばかりである。私などかなり異端の人間で、ネットの良さ・便利さは大前提に起きつつも、常に「バカがネットを使おうがバカのまま」と言い続けてきたし、本書では「格差を広げる」と書いた。誰にでも情報発信ができるようになることは民主主義としては素晴らしい。政治家に意見を届けることもできるし、様々な交流が生まれる。だが、「個々人の人生はそれほど変わらない」ということは覚えておいた方がいい。

本書冒頭で挙げた安藤美冬さんも含め、ネット上には「エヴァンジェリスト」とも言われる人々が積極的に発言をしている。もともとは「伝道師」という意味の言葉だが、ここでは「先端を行っているイケている人」くらいの意味だろうか。

2006～2007年頃、日本のネット界では「ウェブ2・0」や「集合知」といった言葉がキーワードとなっており、ネットで人々が発言をすることによって、画期的な知のパラダイムシフトが起こると信じられていた。しかし、結局はバカが大暴れしたり、前出のように、妙な排外主義がはびこり、彼らが街頭に出る結果をもたらしたのである。寄付や助け合いなど、ポジティブな動きは生まれるものの、それ以上に救いようのない状況が生まれたのは本書で再三書いた通りである。

だからこそ、私はネットに対して牧歌的に明るい未来を説いたり、インターネットがかかわるだけで、とりあえずホメる人に対しては常に否定的であり続けている。

しかし、ネットで食っているオッサン連中は、最近でも、呑気なことを言い続けている。名前は挙げないが、このオッサンのうちの1人は、地方の市議選で30歳の男性が1784票を獲得し、20議席中9番目の得票を集めて当選した件について、「カネがなくてもソーシャルのつながりと熱意で選挙は勝てる（後略）」と題した約8000字の力のこもった文章を書いた。日本各地の友人がネットで支援をし、LINEで情報共有したことが大きな力を発揮したのだという。この候補者が当選したのは、彼からすると、ソーシャルメディアを駆使したためなのだという。普通に考えれば、60代だらけが候補者になる市議会選で、30歳の若者がいればかなりの得票を集めるのは自明だ。トップ当選でなく9位であっても、なんとしてもインターネットのお陰にしたい「エヴァンジェリスト」の皆さまは今日も呑気なネット礼賛論をまきちらかしている。実力があれば、リアルだろうがネットだろうが評価される――この事実を彼らは歪曲して伝えているのである。

そして、最近現れたのが、「ネオヒルズ族」として話題のアフィリエイター・与沢翼氏である。『秒速で1億円稼ぐ条件』（フォレスト出版）という著書を出すだけに相当な金持ちらしい。高級外車を乗り回し、自宅は六本木のペントハウス。恋人はモデル。テレビでは彼がいかに金持ちかの特集が作られた。まさに男の夢をかなえた彼は、「情報商材」と言われる「稼ぐ方法」をまとめたCD-ROMを販売したり、セミナーを行ったり、アフィリエイトで儲けているというが、彼の下に信者というか、「カモ」のような人が続出しているのである。だが、彼の教えのお陰で儲かりまくった！　と、メディアから取材される人物はとんと現れない。要するに、The winner takes it all なのだ。彼の信者たちは、あくまでも「お布施を払う機械」でしかない。それにしても彼の教えに従えば自分は儲かる！　と考える人も実に夢見がちな呑気な方々だ。人生はそんなに甘いものではない、ということを、これまでの人生で学ばなかったのだろうか……。

エヴァンジェリスト達が言うことに従うと、ネットにこそ金脈が眠っているかのように思えるが、ここでそれは違うと言っておく。ネット上に流通する情報を作る立場でこんなことを言うのも自己矛盾を起こしているが、私は書籍こそ今は読むべきだと思う。というのも、ほとんどの書籍は大抵1万部以下しか売れない。ベストセラーと言われる書籍でも10万部いけば御の字である。ということは、書籍を読むと知の差別化ができるのである。たとえば、今、自分がこの原稿を書いている机の脇にある書棚に『検索バカ』（藤原智美著　朝日新書）という本がある。適当にページをめくってみると、おぉ、こんな情報が！

「昭和三〇年の朝刊はたったの八面しかなかったということを知っている人は、案外少ないかもしれません」

これがどれだけ貴重な情報かというのはさておき、ネットのエヴァンジェリスト達がネット上でいかに自分本位であるかは知っておいた方が良い。彼らの発想はあくまでも「ネットで情報収集&発信」に偏っている。その時に彼らが自分のカネ稼ぎにあたっての決まり文句として使うのが次のセリフである。

「今の時代は情報量が圧倒的に多い。だから、その中で埋没しないためにも情報発信には工夫が必要なんです。１９９６年に比べ、２００６年は５３０倍になっている」は多くの人が目にしたのではないか。

少なくとも広告業界関係者はこのデータを一時期乱用していた。ネットプロモーションの企画にあたってはこう言う。

「ネットに存在する情報は10年前の530倍です！　ですから、より、目立つようなキャンペーンサイトを作る必要があります。リッチな動画を使ったり、芸能人がユーザーに呼びかけるようなサイトが必要です！　ありがちなサイトを作っても人は見てくれません（まぁ、カネはかかるけどね）」

こうしたデータを使い「だから私みたいな先端的な男にぜひとも仕事を発注してください。セミナーやりますよ」といった自分だけが儲かる方向に持っていこうとするのだ。

人々にネットの明るい未来予想図を見せ、その後は知ったこっちゃないとばかりに当座の講演料や原稿料を獲得して、あとはサヨナラ。実に困った人々である。

終　章　本当にそのコミュニケーション、必要なのか？

会って飲む意味

さて、本書の最後に「ソーシャルメディア」について書いてみる。

一般人レベルの話にすると、ネットというものは、「趣味が合う人と出会える」といった使い方がもっとも現実的かつ生産的なのではないか、と思う。私自身がツイッターで交流した例としては、自分と同じ業界（ＩＴ・広告・広報）にいると思われる人物をフォローしたところから始まった。マーケティングやネットでの情報拡散に対する考え方が似ている人同士が、ツイッター上でやり取りをするようになったのだ。

私は勝手に彼らを「ツイッター七福神」と「ツイッター身も蓋もなさズ」と名付けたのだが、いつしか誰かが飲み会開催を呼び掛け、無事に開催された。すると、元から主義主張は分かっていたため、初対面の者同士の飲み会の最初の１時間にありがちな、互いに牽制し合ってなかなか盛り上がらないということがなく、すんなりと楽しい飲み会になったのだ。その後も彼らとは時々飲んでいる。仕事にまで発展した例もある。

また、ツイッター上では決して考え方が合うわけではないものの、気になる存在という人もいる。私の場合、ブロガーのイケダハヤト氏とコンテクストデザイナーの高木新平氏がそうだった。2人は自由な生き方を目指して企業を辞め、フリーランスとして新しい働き方や生き方を模索・提案している。その一方で、2012年、私はフリーランス歴11年目だったのだが周囲のフリー仲間がバタバタと廃業し、貧乏になっていく様を見て「甘っちょろいこと言ってるんじゃねぇ」といった気持ちもあったのだ。

お二人のフリーランス論について私のツイートはいつも辛辣だったし、言葉も汚かった。イケダ氏の論を見て批判的なツイートをしたこともある。イケダ氏は私のことを名指しはしないまでも、「よくここまでこの人は悪口を言えるものだ」といった形で疑問の声をツイッターであげた。これを私はいい機会だと捉え、「飲みに行きませんか!」と誘ったところ、やや困惑した反応はされたものの、すぐに連絡先のやり取りをし、サシで飲むことになった。

高木氏の場合は、同氏が博報堂を辞めた個人的な理由を書いたブログのエントリー

「博報堂を辞めました。」がかなり評判になっていた。私はこれに対し、やや否定的なニュアンスの「オレも博報堂を辞めました。」という記事を夕刊ガジェット通信というサイトで書いた。私が言いたかったことは、「古巣への感謝を忘れるな」である。当然高木氏も知ることになり、なんとなく雰囲気の悪いやり取りがツイッター上で彼と私の間で生まれた。お互い、名前は挙げないものの、奥歯にモノが挟まったような感じで、互いに対して疑問を呈すという状況だった。ある程度この不毛なやりとりがあった後、様々な新しいことに挑戦しようとしている若者に対して私のようなオッサンが悪口を言うのも大人げないと思い、突然サシで飲むことをツイッターで提案。すると彼も一瞬戸惑いを見せたがすぐに「ぜひ！」と言ってくれて日程が決定。新宿の居酒屋で並んでビールを飲んだ。

イケダ、高木両氏との飲み会は実に楽しく有意義だった。会ったおかげで彼らの「大事なのはカネだけではない」という考え方をある程度理解することができた。もちろん、全部同意できるわけではないが、なぜそんな考えを持つに至ったのか、などの背景を聞くことにより、叩く気持ちはなくなるものである。だからこそ、あそこで意を決して酒飲もうぜ、と呼びかけて本当に良かったと思っている。

ネットという公の場では「心」を周囲に対して見せることが重要なところである。たとえば、周囲は私たちがいがみあっていると思っているかもしれない。だが、お互いが「飲み行こうぜ！」「マジっすか！　ぜひ！」とやれば、考えが違うところはあるかもしれないが、人間として否定し合っているわけではないことが観客にも分かるはずだ。そこでの発言は公のため、もはや撤回できない。こうしたプレッシャーを自らかけるが故に、真っ当な発言に結局収束していくのもネットでの発言の特徴の1つだ。

人間は完全に考えが合うものではない。一部の発言をもってして全人格を否定し、その人を拒否するのは実にもったいない。せっかく今はソーシャルメディアがあり、興味のある人に会うためのオファーまではできるようになったので、積極的に利用していけばいいと思うのである。

フェイスブックの浅い世界

フェイスブックを利用すれば、リアルな人間との付き合いが深まるという人もいる。昔の同級生と会えるようになったことを喜ぶ人もいる。

しかし実際のところどうだろうか。学生時代の仲間と再会でき、同窓会に至ったとしよう。だが、そこからもう1度同窓会をするのは何ヶ月後になるだろうか？　一緒に仕事をするほどになるか？　私など独身なのでいくらでも夜は時間があるのだが、子育て世代の人々はいかんせん忙しい！　普通の飲みの約束をしようにも1ヶ月前に決めておかなくてはスケジュールが合わないほどである。多分、フェイスブックで再会したばかりの時は、コミュニティを作り、そこで熱心に交流をしているだろうが、なんだか途中から面倒になるのではないか。また、元恋人や元同級生と不倫に走ったりする人も多いだろう。ほどほどにしないと、家族にバレ、離婚することになるかもしれない。

私はフェイスブックでは何も情報発信しないし、交流もしていない。情報を知ることのためだけに見ている。というのも、どこかフェイスブックは気持ち悪いのである。それは、「イケてる自分」「いい人な自分」をなんとか見せることに皆が必死だからだ。私が繋がっている約100人の「友達」はほぼ全員が東京都内で仕事をしており、ある程度の年収がある人が多い。だからこそ美味しそうなものを多数アップしているし、ジャズ喫茶理論的な難しげな記事に「いいね！」を押していたりもする。普段会うと下品なことばかり言っている人であっても、フェイスブックでは品行方正なところが私にはどうも合わないのである。元々GREEにもミクシィにも同じ感情を抱いていたため、まぁ、ただの嗜好ではあるが。

そして、フェイスブックが決定的に気持ちの悪い監視ツールであることに気付いたのは2011年夏のことだった。たまたま、昔よくデートをしていた女性のことを探したところ、彼女はなんだか世界平和やら環境問題への言及やら、意識の高そうな発言をしており、バカ話なんて全くしていない。

彼女は東京・港区の豪邸に住んでいるらしい男性の家で行われる「震災について話す会」の告知を受けていた。男性が日時指定をし、「非常に大事な会ですので、是非とも多くの方のご参加をお待ちしています。ワインは○○を用意しており……」となかなかセレブな感じがタップリである。この男性はかなりの実力者なのだろう。続々とこの「震災について話す会」に多数のコメントが寄せられていた。開催数日前には約80のコメントが付くほどである。

「おぉ！ それだけ多くの人が参加するのか！」とコメントを読んでいったところたまげた。参加表明をしたコメントはわずか15件ほど。他は大別するとこんな感じだった。
①その日は先約があり、行けません。申し訳ありません。また誘ってくださいね！

②仕事次第ですが、行けたら行きます。
③別の用が入っているのですが、調整できたら行きます。

誰もが経験あるだろうが、②の「行けたら行きます」という発言は、本当は行きたくないが、「行けない」と断言してしまうとせっかく誘ってくれた人に悪いのでは……と思う時に使う言葉である。③は「お前、先約優先させろ！」と言いたくなるレベルである。

私が最も問題視したくなったのが①だった。一見、事前に行けないことを明確に言っているのだから、最も正しい対応ではないか、と思われるだろう。だが、これこそソーシャルメディアにおける相互監視の煩わしさを表しているのだ。

フェイスブックのイベント告知機能を使っているため、主催者は別に「〇〇さん、来て下さい」とその人だけを名指ししているわけではない。行けないのであれば、「返事を一切しない」というのでも良いのではないだろうか？「返事をしない」＝「参加の意思なし」では？　だが、律義に返事をしている人は、「××さんが誘ってくれたから、用意する食べ物とかの都合もあるでしょうし、ちゃんと返事しなくちゃ」と考えたのだろう。これと同時に「私と××さんが繋がっていることを他の人は知っているから、ここで私が返事をしていないと、私は人でなしだと思われちゃうかも……」なんて心配する気持ちもあると思われる。

こうした人たちに対し、主催者はいちいち返事を書く。来られないと表明した人に対しては「フランスの良いワインも揃えましたし、今回の震災については今、こうして皆で語りあっておく必要があると思っていたんですけどね。残念です」なんて嫌味を言う。それに対し「すいません」とまた律義に返事が来る。そして、イベント当日である。この日は3種類のメッセージが寄せられる。

ⓐ今日楽しみにしています！

ⓑすいません、やっぱりプレゼン前日でバタバタしていて行けません。また誘ってくださいね！

ⓒ9時くらいには会社出られるかもしれませんので、出る時電話します！

イベント前に②のメッセージを入れていた人はこの段階でⓑかⓒのメッセージを再び

入れなくてはいけないという煩わしさがある。そしてその会が無事終了したところで、楽しかった模様がいちいち写真付きで続々とフェイスブックやツイッターにアップされ、参加できなかった人は少しだけ「行っとけばよかったかな」と思う。主催者は、自慢の豪邸とワインをホメる人が続出し、気分がよくなる。そして、会が終了後、電車の中などから「今日はありがとうございました〜」というメッセージが次々に書きこまれていくわけだ。

熱男の謎

家族や同僚は大事にしないくせに、なぜかソーシャル上の付き合いは大事にする人をたくさん見てきた。

私の知り合いに「熱男」という男がいる。「あつお」ではない。「ねつおとこ」である。この話をすると、「あなたは子どものことが分かっていない！」と怒られるかもしれないが、自分としてはあまり気分の良い話でもないので、書く。この男は昔からの友人である。小さな子どもがいるのだが、彼を含めて飲み会を企画すると、必ず当日の夕方、「子どもが熱を出した！　今日は行けない！」と連絡が来るのだ。これが毎度なのである。

一応当時よく遊んでいたグループの1人なので、誘いはするものの、我々の間では「熱男はもう誘うのやめようか」という話になっている。というのも、彼はフェイスブックやツイッターを見ると、けっこうな頻度で更新はしているし、「熱が出た！」の日も楽しそうにネット上に書き込みを続けているのだ。家にいて時々体を拭いてやったり、有事に備えて傍にいてやるだけでも十分なのかもしれないが、久々の会合（しかも2ヶ月前に決まっていた）をドタキャンされる側としてはいくら子どもの熱であろうが、「ちょっとなぁ……」と思うのである。2ヶ月前に決まっているんだから、この日は実家に預けたり、奥さんに頼めばいいじゃん……、と。いや、そこまではいいとしよう。ただし、それならば「風が強くなってきた。明日は落ち葉がたくさん落ちていそうだ」とか呑気なことをイチイチ書いて欲しくないのである。落ち葉の方がオレたちよりも重要なのかよ！　と思えてしまうのだ。そして、「子どもの熱」はでっちあげでは、とも思ってしまうのである。

別に私は他人に全面的に期待しているわけでもないのだが、ソーシャルメディアというものは、書きこむことによってすべてをさらけ出してしまう。熱男の「風が強い」という書き込みは私とその日、一緒に飲みに行っていた友人を不快にさせた。何が不快にさせるかは分からないし、いちいち不快に思った側も当人に言わない。そうしていつの間にか人は離れていくのである。

そもそもの話になるが、そんなに人と繋がっていたいか？

私など、宣伝になるので、より多くのフォロワーがいた方が好都合である（ごめんなさい）。だから繋がっていた方がいい。私が博報堂を辞めた時、その前年の額面の給料は８６０万円もあった。27歳のサラリーマンとしてはかなりの破格な金額だ。その立場を捨てるのは確かにもったいない、という声も多かったが、私はもう辞めたかった。もっとも辞めることを後押ししてくれたのは持っていた１３００万円の資産である。現金５５０万円と７５０万円分の株だった。後に株はゼロになってしまうのだが、増えるもんだと暢気（のんき）に信じていたため、それだけあれば無職でも12年ほどは余裕だろう、と思っていた。タイで過ごせば20年は大丈夫だとも思っていた。そして、その次に退職を後押ししたのは、「繋がっている人」の存在である。

私は、人間というものは、人間から仕事をもらい、そこからカネを稼ぎ、寂しいことがあれば人間に慰めてもらい、発奮したかったら誰かに会うものだと昔から思っている。つまり人間関係があれば、人生なんとかなる、と思っている節がある。そこで退職を決定する前に人間関係を4段階に分け、各段階に何人の人がいるかを数えてみた（ただし、家族は除く）。

①一緒に会社を作れるほど超深い関係の人。まさに同志　1人
②仕事を無理にでも発注してくれるほど深い関係の人　5人
③悩みを一晩かけて聞いてくれる優しい人　7人
④飲みに一緒に行ってくれる気の合う人　18人

①の人と何らかの副業を一緒にし、②の人から1人年間30万円ほどの仕事をもらえれば、年収200万円に達するだろうし、心の安定のためには③と④の人と酒を飲めば大丈夫だと考えた。合計31人もいれば、まぁ、寂しいことはないだろう、ということが分かったため、退職に踏み切れたのだ。

そして不思議なことにこの「30人の法則」というものはその後も残り続ける。もちろん、①～④に含まれる人は時間とともに変わってくるわけだが、大抵合計30人前後なのである。ネットニュースの編集者として多数のライターと仕事をすることになってからは交友関係が広がり、さらには「専門家」として様々なところから仕事がもらえているため、現在は55人ほどになっているかとは思うが、下っ端フリーライターの時代は30人で十分だった。これは会社員の場合でも同じようなものかもしれない。

ここで私が言いたいのはこれだ。

フェイスブックの友達が何千人いようと、ツイッターのフォロワーが何百人いようと、お前がこの1ヶ月で実際に飲んだ、食事をした、遊んだ人間は何人いる？　電話をかけた人間は何人いる？　せいぜい20人くらいだろ？

もちろんパーティなどで多くの人と出会った場合は「飲んだ人数」は増えるかもしれないが、数名規模の飲み会しかやっていなければ20人ほどがいいところだろう。電話をかけた人間が20人くらいというのも普通だろう。

実際に私自身、電話をよく利用する方だと思っていたのだが、ある日携帯電話の発信履歴を見て、愕然とした。内訳はこうである。18日間でかけた30件（同一人物の場合は何回かけても1件としか表示されない）の内訳はこうだ（私はスマホは使っていない）。「店の予約　2件」「仕事　20件」「友人　7件（うち友人とは言いつつも、出会ったきっかけは仕事の人が6人）」「会社　1件」。

会いたい人はどこにいる

こんなことも思い出される。社会人になって間もない頃の話だ。学生時代、朝まで飲んでは肩を組んで「オレ達は一生の親友だ！」なんて騒いだ友人A――大学は違うのに2週間に1回は飲み、夏休み、冬休みには毎年一緒に旅行へ行った。卒業旅行も一緒にフィリピンへ。だが、ここまでだった。卒業し、新入社員になって約半年、たまたまAが勤める会社の下を通りかかったところで、会いたくなったので、受付から電話をしてもらった（当時は携帯電話を持っていなかった）。するとAが息せき切って降りて来た。「どうしたんだよ」と彼は言った。私は「近くを通りかかったんで、元気かなぁ、と思ってさ」と言ったところ、「なんだよ、オレ、忙しいんだよ。こうやって明らかに社員じゃないヤツと喋っているところを上司に見られたらどうするんだよ。じゃあな、行くぞ」と言って彼は階段を上がって行った。

その後、年に2回ほどは彼と会えた。だが、入社4年目、彼に恋人ができ、その人と結婚することになったところで、会うことはほぼなくなった。一応恒例の年末年始の旅行には来て〝くれた〟ものの、他のメンバーよりも遅く旅行に合流し、しょっちゅう彼女に電話ばかりしている。次に会ったのは彼の結婚式の時だった。その後、新居に一度遊びに行き、奥さんとも会ったが、それっきりもう彼とは会っていない。多分もう8年ほどは会っていないのではないだろうか。

大学時代の友人で今でも頻繁に会っているのは、人材関係に詳しいライター・大学講師の常見陽平君と、私が現在一緒に同じ会社で働くYという女、そして偶然にも小学館で一緒に仕事をすることになったSだけである。もちろん、会わずとも、彼らとの心のつながりがあると感じられる人は他にも数名いるが、あれだけ多くの人間と知り合った大学時代であるにもかかわらず、卒業から16年、わずか3人しか会い続けていないというのは改めて振り返ってみて愕然とした。中学校では、2人、かろうじて繋がりは残っており、1年に1回ほど飲んでいるが、これだけである。高校はアメリカだったため、誰とも繋がりはない。

人間関係はリアルの中にある

人が最も重視する人間関係——それは「家族」と「仕事関係者」である。ニコ生主やツイッター中毒者、〝愛国者〟らにとってはネットの人々が最も重要な人間関係かもしれない。しかし家族との生活や仕事を最優先させると、そのほかの人間関係は仕事をしている普通の人間は、なかなか充実させることができない。

そこをソーシャルメディアが補った、という見方ももちろんあるだろう。だが、ソーシャルメディア「が」という考え方ではなく「も」という考え方にした方がいい。『ウェブはバカと暇人のもの』を書いた2009年よりも圧倒的にソーシャルメディアが発達した2013年、我々はよりラクに情報発信をし、人とコミュニケーションができるようになった。本書では、その優位性を唱えながらも、過度な情報摂取と情報発信と自己承認欲求がもたらすロクでもない状況を解説した。どう使うべきか、なんてことは私は言う気もないが、ネットにどっぷり浸かる生活をこの7年ほどしている私でも、ほぼ毎晩誰かと飲んでいる。会議もよく参加する。昔ながらのサラリーマン的な日常を繰り返しているわけだが、これが実に充実しているし、お金もたくさん稼がせていただいている。

フジテレビデモの主宰者は、ネットで呼びかけたデモにより、多くの人を動員でき、フジテレビに対して主張したが、突然デモからの引退を発表した。理由は、デモで知り合った女性と結婚を前提とした交際に発展したからである。普段からやること、充実できることを持っている人は、別にネット上で過度にコミュニケーションを取る必要はない。仕事を引退して時間のある高齢者にとっては良いコミュニケーションツールなので、**20年後のソーシャルメディアは相当多くの高齢者による書き込みが増えるだろう**。その時こそ、ソーシャルメディアはその真価を余すことなく発揮するかもしれない。これも本書の締めくくりにあたって言っておきたいことのひとつだ。あとは、これもついでに。

ソーシャルメディア上のその〝友達〟、本当に助けてくれますか？　葬式に来てくれますか？

電車の網棚に置き忘れた荷物があるとツイートしたところ、とある駅でその荷物を届けてもらった、家電量販店の便所で紙がない時にツイッターでＳＯＳを送ったらトイレの上から紙を投げてもらえたといった美談はあるが、それは「たまたまその電車に乗っている人がいた」「たまたま近くにいた」という比較的手間がかからぬラクな状況だったからだろう。東日本大震災の後、被災地とは関係のない関東の人々が、「帰宅難民になった」という、被災者とは格段にレベルは違うものの、〝人生最大級のキツい出来事〟を経た後、一斉にツイッターで被災地の人を応援した。曰く「○○地区に水が足りないそうです【拡散希望】」と。

もちろん、被災地への道路は封鎖されていたし、実際に現地に行くことは当時はできなかったため、情報を出すことくらいしかできないのは分かる。だが、多くの人が「役立つ情報をツイートした」ことにより、いいことをした気持ちになり、自己満足をしてしまった様子があの頃はネット上で頻出していた。節電を呼び掛けるポスターを作り、「自由に使ってね！」と呼びかける様子も、確かに善意に溢れていた。だが、彼らのうちどれほどが体を使い、本気で被災者を助けたかは疑問である。

前出、「30人前後のリスト」について、毎年シャッフルはあるものの、今現在の「30人のリスト」の人は間違いなく私を助けてくれるだろうし、葬式に来てくれるだろう。

過去の「30人のリスト」の人はもう助けてくれないかもしれないが、葬式には来てくれるだろう。自宅訪問を機にもう会わなくなった元親友・Aも葬式には来てくれるはずだ。これが、ネット上の友達との差である。ネット上で哀悼の念を表すには、「ご冥福をお祈りします」と一言書き、送信ボタンを押すだけでいい。「震災について語る会」の話では、形式的かつ強迫観念に押された感のあるコメントの嵐になっている例を見せたが、ソーシャルメディア上の友達が死んだ時もそうなることだろう。

ネットが「当たり前」のツールになった、と序章で私は書いた。一冊本を書き終えようとしているいま、果たして「当たり前」だと思っている人はどれくらいいるのかと改めて考えてみた。ほとんどの人は「当たり前」のツールになったと思っているだろう。「今日もLINEで友達とチャットしたよ」とか「クックパッドのレシピで今日は親子丼作ったよ」、「食べログで一番人気の店に行ったよ」という形で。

もう誰もネットに驚かない。ただ便利なツールやアプリが続々と日々追加され、それらを人々は浮気しながら転々と使っているだけである。だが、ネット界で過度な承認欲求を持つ人々や一発逆転したい人々、〝愛国者〟たち、ネット界の「エヴァンジェリスト」（笑）は、まだまだ特別なツールであってほしいと願って今日もネット上で積極的に情報発信をし、その可能性を探っている。

アラブの春はネットが起こした！　と声高に言う人もいるが、あれはネットがきっかけにはなったものの、実際は現場に行って血を流した人がいたから成り立ったものである。彼らからすると、「平和ボケの国の連中が勝手に何分析してるんだよ」などと思うことだろう。またこうして人々が集合し、意思を示すことは民主主義にとっては非常に良いことではあるものの、結局この革命はどうだったのか……ということも忘れてはいけない。一応独裁政権で秩序があったにもかかわらず、その後内戦状態になって多数の死者が出たリビアやシリア、エジプトのように、過激な指導者候補が「スフィンクスとピラミッドを壊す」と発言するなど、カオスが起きてしまった例もある。

もちろん「正義」らしきものが実現したこともあった。民主化の途上でネットの検閲が厳しい中国だが、2012年8月、交通事故の現場でなぜかニヤニヤと笑っていた役人が妙に立派な時計をたくさん持っている！　と指摘する声が出てから、ネットユーザーが動いた。この役人が登場する写真を確認していくと、毎回高級な時計をつけていることが分かったのだ。「時計兄貴」と呼ばれるようになった役人が12億円もの不正蓄財をしていることも明らかになり、更迭される事態になったが、これは1つの事例に過ぎない。

当然のことながら、ネットの力で社会全体に正義や秩序をもたらすことができるかどうかはまだわからないのだ。

ネットはこれからどうなるのか？　ネットで儲けることは可能か？　既存メディアはネットでプレゼンスを高められるのか？　企業はネットでファンを増やせるのか？　我が政党はネットで評価を高められるのか？——こうした質問を常にされるようになった。

だが、私は自分でも呆れるほど将来を見通す目がない。あくまでも「これまでの結果考えられる現状はコレ」ということしか提示することができない。だからこそ、これまで書いた書籍では、将来への期待を見越した言葉である「変える」「衝撃」「革命」「進化」といった言葉を使ったことがないし、本書でも未来予想を一切せず、『ウェブはバカと暇人のもの』以降のこの4年間のネットの風景を淡々と描いてきただけである。

毎度、こうしたやや後ろ向きな本ばかり書いているわけだが、誤解して欲しくないのは、私は別にネットが嫌いなワケではないということだ。単に、現状を〝盛る〟ことなく説明しているのである。別に人々を新大陸に導きたいという欲求もないし、誰かに希望を与えてその後絶望させたいとも思わない。自分自身はとんでもないほど、ネットの恩恵を受けているわけなので、本当の最後に私が言いたいのはこれだけだ。

まずは自分の能力を磨き、本当に信頼できる知り合いをたくさんつくれ。話はそこからだ。

中川淳一郎　1973（昭和48）年東京都生まれ。ネットニュース編集者・PRプランナー。一橋大学商学部卒業後、博報堂勤務を経て2001年に退社、独立。著書に『ウェブはバカと暇人のもの』等。

Ⓢ新潮新書

530

ネットのバカ

著者　中川淳一郎（なかがわじゅんいちろう）

2013年7月20日　発行

発行者　佐藤隆信

発行所　株式会社新潮社

〒162-8711　東京都新宿区矢来町71番地
編集部(03)3266-5430　読者係(03)3266-5111
http://www.shinchosha.co.jp

印刷所　二光印刷株式会社

製本所　株式会社植木製本所

乱丁・落丁本は、ご面倒ですが
小社読者係宛お送りください。
送料小社負担にてお取替えいたします。

ISBN978-4-10-610530-2　C0236

価格はカバーに表示してあります。